LE TÉLÉPHONE
LE MICROPHONE
ET LE PHONOGRAPHE

par

Le comte Th. DU MONCEL
Membre de l'Institut

OUVRAGE ILLUSTRÉ
DE 67 FIGURES DESSINÉES SUR BOIS
PAR B. BONNAFOUX

PUBLIÉE SOUS LA DIRECTION
DE M. ÉDOUARD CHARTON

LE TÉLÉPHONE
LE MICROPHONE
ET LE PHONOGRAPHE

UN COUP D'ŒIL HISTORIQUE.

À proprement parler, le téléphone n'est qu'un instrument apte à transmettre les sons à distance, et l'idée de cette transmission est aussi ancienne que le monde. Les Grecs employaient des moyens susceptibles de la réaliser, et il n'est pas douteux que ces moyens n'aient été quelquefois mis à contribution dans les oracles du paganisme. Seulement cette transmission des sons ne sortait pas de certaines limites assez restreintes, ne dépassant pas sans doute celles des porte-voix. Suivant M. Preece, le document le plus ancien où cette transmission du son à distance soit formulée d'une manière un peu nette, remonte à l'année 1667, comme il résulte d'un écrit d'un certain Robert Hooke, qui dit à ce propos: «Il n'est pas impossible d'entendre un bruit à grande distance, car on y est déjà parvenu, et l'on pourrait même décupler cette distance sans qu'on puisse taxer la chose d'impossible. Bien que certains auteurs estimés aient affirmé qu'il était impossible d'entendre à travers une plaque de verre noircie même très-mince, je connais un moyen facile de faire entendre la parole à travers un mur d'une grande épaisseur. On n'a pas encore examiné à fond jusqu'où pouvaient atteindre les moyens acoustiques, ni comment on pourrait impressionner l'ouïe par l'intermédiaire d'autres milieux que l'air, et je puis affirmer *qu'en employant un fil tendu, j'ai pu transmettre instantanément le son à une grande distance et avec une vitesse sinon aussi rapide que celle de la lumière, du moins incomparablement plus grande que celle du son dans l'air. Cette transmission peut être effectuée non-seulement avec le fil tendu en ligne droite, mais encore quand ce fil présente plusieurs coudes.»*

Ce système de transmission des sons, sur lequel sont basés les téléphones à ficelle qui attirent l'attention depuis quelques années, est resté à l'état de simple expérience jusqu'en 1819, époque à laquelle M. Wheatstone l'appliqua à sa lyre magique. Dans cet appareil, les sons étaient transmis à travers une longue tige de sapin dont l'extrémité était adaptée à une caisse sonore; de là à l'emploi des membranes utilisées dans les téléphones à ficelle, il n'y avait qu'un pas. Quel est celui qui eut cette dernière idée?... il est assez difficile de le dire, car beaucoup de ces vendeurs de téléphones se l'attribuent sans se douter même de la question. S'il faut en croire certains voyageurs, ce système serait depuis longtemps employé en

Espagne pour les correspondances amoureuses. Quoi qu'il en soit, les cabinets de physique ne possédaient pas ces appareils il y a quelques années, et beaucoup de personnes croyaient même que la ficelle était constituée par un tube acoustique de petit diamètre. Cet appareil, quoique devenu un jouet d'enfant, est d'une grande importance scientifique, car il montre que les vibrations capables de reproduire la parole peuvent être d'un ordre infiniment petit, puisqu'elles peuvent être transmises mécaniquement à des distances dépassant cent mètres. Toutefois, au point de vue télégraphique, le problème de la propagation des sons à distance était loin d'être résolu de cette manière, et l'idée d'appliquer les effets électriques à cette sorte de transmission dut naître aussitôt qu'on put être témoin des effets merveilleux de la télégraphie électrique, ce qui nous reporte déjà aux époques qui suivirent l'année 1839. Une découverte inattendue faite par M. Page en 1837, en Amérique, et étudiée depuis par MM. Wertheim, de la Rive et autres, devait d'ailleurs y conduire naturellement; car on avait reconnu qu'une tige magnétique soumise à des aimantations et à des désaimantations très-rapides, pouvait émettre des sons, et que ces sons étaient en rapport avec le nombre des émissions de courants qui les provoquaient.

D'un autre côté, les vibrateurs électriques combinés par MM. Mac-Gauley, Wagner, Neef, etc., et disposés dès 1847 et 1852 par MM. Froment et Pétrina pour la production de sons musicaux, prouvaient que le problème de la transmission des sons à distance était possible. Toutefois, jusqu'en

1854, personne n'avait osé admettre la possibilité de transmettre électriquement la parole à distance, et quand M. Charles Bourseul publia à cette époque une note sur la transmission électrique de la parole, on regarda cette idée comme un rêve fantastique. Moi-même, je dois l'avouer, je ne pouvais y croire, et quand, dans la première édition de mon exposé des applications de l'électricité publiée en 1854[1], je rapportai cette note, je crus devoir l'accompagner de commentaires plus que dubitatifs. Cependant, comme la note me paraissait bien raisonnée, je n'hésitai pas à la publier en la signant seulement des initiales Ch. B***. La suite devait donner raison à cette idée hardie, et quoiqu'elle ne renfermât pas en elle le principe physique qui seul pouvait conduire à la reproduction des sons articulés, elle était pourtant le germe de l'invention féconde qui a illustré les noms de Graham Bell et d'Elisha Gray. C'est à ce titre que nous allons reproduire encore ici la note de M. Charles Bourseul.

«Après les merveilleux télégraphes qui peuvent reproduire à distance l'écriture de tel ou tel individu, et même des dessins plus ou moins compliqués, il semblerait impossible, dit M. B***, d'aller plus en avant dans les régions du merveilleux. Essayons cependant de faire quelques pas de plus encore. Je me suis demandé, par exemple, si la parole elle-même ne pourrait pas être transmise par l'électricité, en un mot, si l'on ne pourrait pas parler à Vienne et se faire entendre à Paris. La chose est praticable: voici comment:

«Les sons, on le sait, sont formés par des vibrations et appropriés à l'oreille par ces mêmes vibrations que reproduisent les milieux intermédiaires.

«Mais l'intensité de ces vibrations diminue très rapidement avec la distance; de sorte qu'il y a, même en employant des porte-voix, des tubes et des cornets acoustiques, des limites assez restreintes qu'on ne peut dépasser. Imaginez que l'on parle près d'une plaque mobile, assez flexible pour ne perdre aucune des vibrations produites par la voix, que cette plaque établisse et interrompe successivement la communication avec une pile: vous pourrez avoir à distance une autre plaque qui exécutera en même temps les mêmes vibrations.

«Il est vrai que l'intensité des sons produits sera variable au point de départ, où la plaque vibre par la voix, et constante au point d'arrivée, où elle vibre par l'électricité; mais il est démontré que cela ne peut altérer les sons.

«Il est évident d'abord que les sons se reproduiraient avec la même hauteur dans la gamme.

«L'état actuel de la science acoustique ne permet pas de dire *a priori* s'il en sera tout à fait de même des syllabes articulées par la voix humaine. On ne s'est pas encore suffisamment occupé de la manière dont ces syllabes sont produites. On a remarqué, il est vrai, que les unes se prononcent des dents, les autres des lèvres, etc., mais c'est là tout.

«Quoi qu'il en soit, il faut bien songer que les syllabes ne reproduisent, à l'audition, rien autre chose que des vibrations des milieux intermédiaires; reproduisez exactement ces vibrations, et vous reproduirez exactement aussi les syllabes.

«En tout cas, il est impossible de démontrer, dans l'état actuel de la science, que la transmission électrique des sons soit impossible. Toutes les probabilités, au contraire, sont pour la possibilité.

«Quand on parla pour la première fois d'appliquer l'électro-magnétisme à la transmission des dépêches, un homme haut placé dans la science traita cette idée de sublime utopie, et cependant aujourd'hui on communique directement de Londres à Vienne par un simple fil métallique.—Cela n'était pas possible, disait-on, et cela est.

«Il va sans dire que des applications sans nombre et de la plus haute importance surgiraient immédiatement de la transmission de la parole par l'électricité.

«À moins d'être sourd et muet, qui que ce soit pourrait se servir de ce mode de transmission qui n'exigerait aucune espèce d'appareils. Une pile électrique, deux plaques vibrantes et un fil métallique suffiraient.

«Dans une multitude de cas, dans de vastes établissements, par exemple, on pourrait, par ce moyen, transmettre à distance tel ou tel avis, tandis qu'on renoncera à opérer cette transmission par l'électricité, dès lors qu'il faudra procéder lettre par lettre et à l'aide de télégraphes exigeant un apprentissage et de l'habitude.

«Quoi qu'il arrive, il est certain que dans un avenir plus ou moins éloigné, la parole sera transmise à distance par l'électricité. *J'ai commencé des expériences à cet égard*: elles sont délicates et exigent du temps et de la patience, mais *les approximations obtenues* font entrevoir un résultat favorable.»

Il est certain que cette description n'est pas assez complète pour qu'on puisse y découvrir la disposition qui pouvait conduire à la solution du problème, et si les vibrations de la lame au poste de réception devaient résulter d'interruptions et de fermetures de courant effectuées au poste de transmission, sous l'influence des vibrations déterminées par la voix, elles ne pouvaient fournir que des sons musicaux et non des sons articulés. Néanmoins l'idée était *très-belle*, comme le dit M. Preece, tout en regardant sa réalisation comme impossible[2]. Il est du reste facile de voir que M. Bourseul lui-même ne se dissimulait pas les difficultés du problème en ce qui touchait les sons articulés, car il signale, comme on vient de le voir, les différences qui existent entre les vibrations simples produisant les sons musicaux et les vibrations complexes déterminant les sons articulés; mais, comme il le disait fort justement: *Reproduisez au poste de réception les vibrations de l'air déterminées au poste de transmission, et vous aurez la transmission de la parole quelque compliqué que soit le mécanisme au moyen duquel on l'obtient.* Nous verrons à l'instant comment a été résolu ce problème, et il est probable que certains essais avaient déjà fait pressentir à M. Bourseul la solution de la question; mais rien dans sa note ne peut faire entrevoir quels étaient les moyens auxquels il avait pensé; de sorte que l'on ne peut raisonnablement pas lui rapporter la découverte de la transmission électrique de la parole, et nous ne comprenons guère qu'on ait pu nous faire un reproche de ne pas avoir apprécié, dès cette époque, l'importance de cette découverte qui pouvait bien alors paraître un peu du domaine de la fantaisie.

Ce n'est qu'en 1876 que le problème de la transmission électrique de la parole a été définitivement résolu, et cette découverte a soulevé dans ces derniers temps, entre MM. Elisha Gray, de Chicago, et Graham Bell un débat de priorité intéressant sur lequel nous devons dire quelques mots.

Dès l'année 1874, M. Elisha Gray s'occupait d'un système de téléphone musical qu'il voulait appliquer aux transmissions télégraphiques multiples, et les recherches qu'il dut entreprendre pour établir ce système dans les meilleures conditions possibles lui firent entrevoir la possibilité de transmettre électriquement les mots articulés. Tout en expérimentant son système télégraphique, il combina, en effet, vers le 15 janvier 1876, un système de *téléphone parlant* dont il déposa à l'office des patentes américaines, sous la forme de *caveat* ou de brevet provisoire, la description et les dessins. Ce dépôt fut fait le 14 février 1876: or ce même jour M. Graham Bell déposait également à l'office des patentes américaines une demande de brevet dans laquelle il était bien question d'un appareil du même genre, mais qui s'appliquait surtout à des transmissions télégraphiques simultanées au moyen d'appareils téléphoniques, et les quelques mots qui, dans ce brevet, pouvaient se rapporter au téléphone à sons articulés, s'appliquaient à un instrument qui, de l'aveu même de M. Bell, n'a pu fournir *aucuns résultats satisfaisants*[3]. Dans le *caveat* de M. Gray, au contraire, l'application de l'appareil à la transmission électrique de la parole est uniquement indiquée, la description du système est complète, et les dessins qui l'accompagnent sont tellement précis qu'un téléphone exécuté d'après eux pouvait parfaitement fonctionner; c'est du reste ce que M. Gray put constater lui-même quand, quelque temps après, il exécuta son appareil qui ne différait guère de celui à liquide dont parle M. Bell dans son mémoire. À ce titre, M. Elisha Gray se serait trouvé certainement mis en possession du brevet, si une omission de formes de l'office des patentes américaines, qui, comme on le sait, prononce sur la priorité des inventions dans ce pays, n'avait entraîné la déchéance de son *caveat*, et c'est à propos de cette omission qu'un procès a été intenté dernièrement à M. Bell, devant la Cour suprême de l'office des patentes américaines, pour faire tomber son brevet. Si M. Gray ne s'est pas occupé plus tôt de cette réclamation, c'est qu'il était alors entièrement occupé d'expérimenter son système de téléphone harmonique appliqué aux transmissions télégraphiques qu'il jugeait plus important au point de vue commercial, et que le temps lui avait complètement manqué pour donner suite à cette affaire.

Quoi qu'il en soit, c'est seulement à partir de la prise de possession de son brevet que M. Bell commença à s'occuper sérieusement du téléphone parlant, et ses efforts ne tardèrent pas à être couronnés de succès, car peu de mois après, il exposait à Philadelphie son téléphone parlant qui excita, dès cette époque, l'attention publique au plus haut degré, et qui, perfectionné encore au point de vue pratique, nous arriva en Europe dans l'automne 1877 avec la forme que nous lui connaissons.

Comme complément à cette histoire sommaire du téléphone, nous devons dire que, depuis sa réussite, bon nombre de réclamations de priorité ont surgi comme par enchantement. Nous voyons d'abord qu'un certain M. John Camack, Anglais d'origine, s'attribue l'invention du téléphone, se basant sur ce qu'en 1865 il aurait non-seulement fait la description de cet appareil, mais encore exécuté les dessins; il ajoute même que si les moyens ne lui avaient pas fait défaut pour le construire, le téléphone aurait été découvert dès cette époque. Une prétention semblable a été également émise par M. Dolbear, compatriote de M. Bell, et nous verrons bientôt ce qu'en dit ce dernier.

Il en est de même d'un certain M. Manzetti, d'Aoste, qui prétend que son invention téléphonique a été décrite dans beaucoup de journaux de 1865, entre autres dans *le Petit Journal*, de Paris, du 22 novembre 1865, le *Diretto*, de Rome, du 10 juillet 1865, *l'Écho d'Italie*, de New-York, du 9 août 1865, *l'Italie*, de Florence, du 10 août 1865, *la Commune d'Italie*, de Gênes, du 1er décembre 1865, *la Vérité*, de Novarre, du 4 janvier 1866, *le Commerce*, de Gênes, du 6 janvier 1866. Il est vrai qu'aucune description n'a été donnée de ce système, et que les journaux en question n'ont fait qu'assurer que les expériences qui avaient été faites avaient montré que la solution pratique du problème de la transmission électrique de la parole par ce système était possible. Quoi qu'il en soit, M. Charles Bourseul aurait encore la priorité de l'idée; mais suivant nous, on ne doit ajouter qu'une médiocre confiance à toutes ces revendications faites après coup.

Avant de nous occuper du téléphone de Bell et des diverses modifications qu'on lui a apportées, il nous a paru important, pour bien familiariser le lecteur avec ces sortes d'appareils, d'étudier les téléphones électro-musicaux qui l'ont précédé, et en particulier celui de M. Reiss, qui fut construit en 1860 et qui a été le point de départ de tous les autres. Nous verrons d'ailleurs que ces instruments ont des applications très-importantes, et la télégraphie leur devra probablement un jour de grands progrès.[Table des Matières]

TÉLÉPHONES MUSICAUX.

Téléphone de M. Reiss.—Le téléphone de M. Reiss est fondé, quant à la reproduction des sons, sur les effets découverts par M. Page en 1837 et, pour leur transmission électrique, sur le système à membrane vibrante utilisé dès 1855 par M. L. Scott dans son phonautographe. Cet appareil se compose donc, comme les systèmes télégraphiques, de deux parties distinctes, d'un transmetteur et d'un récepteur, et nous les représentons fig. 1.

Fig. 1.

Le transmetteur était essentiellement constitué par une boîte sonore K, qui portait à sa partie supérieure une large ouverture circulaire à travers laquelle était tendue une membrane, et au centre de celle-ci était adapté un léger disque de platine *o*, au-dessus duquel était fixée une pointe métallique *b*, qui constituait avec le disque l'interrupteur. Sur une des faces de cette boîte sonore K, se trouvait une sorte de porte-voix T qui était destiné à recueillir les sons et à les diriger à l'intérieur de la boîte pour les faire réagir ensuite sur la membrane. Une partie de la boîte K est brisée sur la figure pour qu'on puisse distinguer les différentes parties qui la composent.

Les tiges *a*, *c*, qui portent la pointe de platine *b*, sont réunies métalliquement avec une clef Morse *t*, placée sur le côté de la boîte K, et avec un électro-aimant A, qui appartient à un système télégraphique destiné à échanger les signaux nécessaires à la mise en action des deux appareils aux deux stations.

Le récepteur est constitué par une caisse sonore B, portant deux chevalets *d*, *d*, sur lesquels est soutenu un fil de fer *d d* de la grosseur d'une aiguille à tricoter. Une bobine électro-magnétique *g* enveloppe ce fil et se trouve enfermée par un couvercle D, qui concentre les sons déjà amplifiés par la caisse sonore; cette caisse est même munie, à cet effet, de deux ouvertures pratiquées au-dessous de la bobine.

Le circuit de ligne est mis en rapport avec le fil de cette bobine par les deux bornes d'attache 3 et 4, et une clef Morse *t* se trouve placée sur le côté de la caisse B pour l'échange des correspondances.

Pour faire fonctionner ce système, il suffit de faire parler l'instrument dont on veut transmettre les sons devant l'ouverture T, et cet instrument peut être une flûte, un violon ou même la voix humaine. Les vibrations de l'air déterminées par ces instruments font vibrer à l'unisson la membrane téléphonique, et celle-ci, en approchant et éloignant rapidement le disque de platine *o* de la pointe *b*, fournit une série d'interruptions de courant qui se trouvent répercutées par le fil de fer *d d* et transformées en vibrations métalliques, dont le nombre est égal à celui des sons successivement produits.

D'après ce mode d'action, on comprend donc qu'il soit possible de transmettre les sons avec leur valeur relative; mais l'on conçoit également que ces sons ainsi transmis n'auront pas le timbre de ceux qui leur donnent naissance, car le timbre est indépendant du nombre des vibrations, et, il faut même le dire ici, les sons produits par l'appareil de M. Reiss avaient un timbre de flûte à l'oignon qui n'avait rien de séduisant; toutefois le problème de la transmission électrique des sons musicaux était bien réellement résolu, et l'on pouvait dire en toute vérité qu'un air ou une mélodie pouvait être entendu à une distance aussi grande qu'on pouvait le désirer.

L'invention de ce téléphone date, comme on l'a déjà vu, de l'année 1860, et le professeur Heisler en parle dans son traité de physique technique, publié à Vienne en 1866; il prétend même dans l'article qu'il lui a consacré, que, quoique dans son enfance, cet appareil était susceptible de transmettre non-seulement des sons musicaux, mais encore des mélodies chantées. Ce système fut ensuite perfectionné par M. Vander-Weyde, qui, après avoir lu la description publiée par M. Heisler, chercha à rendre la boîte de transmission de l'appareil plus sonore et les sons produits par le récepteur plus forts. Voici ce qu'il dit à ce sujet dans le *Scientific american Journal*:

«Ayant fait construire en 1868 deux téléphones du genre de celui décrit précédemment, je les montrai à la réunion du club polytechnique de l'Institut américain. Les sons transmis étaient produits à l'extrémité la plus éloignée du Cooper Institut, et tout à fait en dehors de la salle où se trouvaient les auditeurs de l'association; l'appareil récepteur était placé sur une table, dans la salle même des séances. Il reproduisait fidèlement les airs chantés, mais les sons étaient un peu faibles et un peu nasillards. Je songeai alors à perfectionner cet appareil, et je cherchai d'abord à obtenir dans la boîte K des vibrations plus puissantes en les faisant répercuter par les côtés de cette boîte au moyen de parois creuses. Je renforçai ensuite les sons produits par le récepteur, en introduisant dans la bobine plusieurs fils de fer, au lieu d'un seul. Ces perfectionnements ayant été soumis à la réunion de l'Association américaine pour l'avancement des sciences qui eut lieu en 1869, on exprima l'opinion que cette invention renfermait en elle le germe d'une nouvelle méthode de transmission télégraphique qui pourrait conduire à des résultats importants. Cette appréciation devait être bientôt justifiée par la découverte de Bell et d'Elisha Gray.

Téléphone de MM. Cécil et Léonard Wray. —Ce système, que nous représentons fig. 2 et 3, n'est qu'un simple perfectionnement de celui de M. Reiss, imaginé en vue de rendre les effets produits plus énergiques. Ainsi le transmetteur est muni de deux membranes au lieu d'une, et son récepteur, au lieu d'être constitué par un simple fil de fer recouvert d'une bobine magnétisante, se compose de deux bobines distinctes, H, H', fig. 2, placées dans le prolongement l'une de l'autre, et à l'intérieur desquelles se trouvent deux tiges de fer. Ces tiges sont fixées par une de leurs extrémités à deux lames de cuivre A, B, maintenues elles-mêmes dans une position fixe au moyen de deux piliers à écrous I, I', et les deux autres extrémités de ces tiges, entre les bobines, sont disposées à une très-petite distance l'une devant l'autre, mais sans cependant se toucher. Le système est d'ailleurs monté sur une caisse sonore, munie d'un trou T dans l'espace correspondant à l'intervalle séparant les bobines, et celles-ci communiquent avec quatre boutons d'attache qui sont mis en rapport avec le circuit de ligne de telle manière que les polarités opposées des deux tiges soient de signes contraires, et ne forment qu'un seul et même aimant coupé par le milieu. Il paraît qu'avec cette disposition les sons produits sont beaucoup plus accentués.

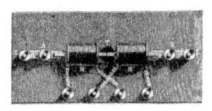 Fig. 2.

La forme du transmetteur est aussi un peu différente de celle que nous avons décrite précédemment; la partie supérieure, au lieu d'être horizontale, est un peu inclinée, comme on le voit fig. 3, et l'ouverture E par laquelle les sons doivent se communiquer à la membrane vibrante, occupe une grande partie du côté le plus élevé de la caisse, qui, à cet effet, se présente sous une certaine obliquité. La seconde membrane G, qui est en caoutchouc, forme une sorte de cloison qui divise en deux la caisse, à partir du bord supérieur de l'ouverture, et, d'après l'inventeur, elle aurait pour effet, tout en augmentant l'amplitude des vibrations produites par la membrane extérieure D, comme dans un tambour, de protéger celle-ci contre les effets de la respiration et plusieurs autres causes nuisibles. L'interrupteur lui-même diffère aussi de celui de l'appareil de M. Reiss. Ainsi le disque de platine b, appelé à fournir les contacts, n'est mis en rapport métallique avec le circuit que par l'intermédiaire de deux petits fils de platine ou d'acier qui plongent dans deux petits godets a, c remplis de mercure et reliés à ce circuit. Par ce moyen, la membrane D se trouve libre dans ses mouvements et peut vibrer plus facilement.

Fig. 3.

L'interruption est d'ailleurs effectuée par une petite pointe de platine portée par un levier à ressort articulé KH qui se trouve au-dessus du disque, et dont l'extrémité, étant fixée au-dessous d'une sorte de clef Morse MI, permet d'effectuer à la main les fermetures de courant nécessaires à l'échange des correspondances pour la mise en train des appareils.

Harmonica électrique.—Longtemps avant M. Reiss et à plus forte raison longtemps avant M. Elisha Gray qui a imaginé un téléphone du même genre, j'avais fait mention d'une sorte d'harmonica électrique qui a été décrit de la manière suivante dans le tome I, p. 167, de la première édition de mon *Exposé des applications de l'électricité* publié en 1853[4].

«La faculté que possède l'électricité de mettre en mouvement des lames métalliques et de les faire vibrer, a pu être utilisée à la production de sons distincts, susceptibles d'être combinés et harmonisés; mais, en outre de cette application toute physique, l'électro-magnétisme a pu venir en auxiliaire à certains instruments, tels que pianos, orgues, etc., pour leur donner la facilité d'être joués à distance. Ainsi jusque dans les arts en apparence les moins susceptibles de recevoir de l'électricité quelque application, cet élément si extraordinaire a pu être d'un secours utile.

«Nous avons déjà parlé de l'interrupteur de M. de la Rive. C'est, comme on le sait, une lame de fer soudée à un ressort d'acier et maintenue dans une position fixe vis-à-vis un électro-aimant, par un autre ressort ou un butoir métallique en connexion avec l'une des branches du courant. Comme l'autre branche, après avoir passé dans le fil de l'électro-aimant aboutit à la lame de fer elle-même, l'électro-aimant n'est actif qu'au moment où cette lame touche le butoir ou le ressort d'arrêt; mais aussitôt qu'elle l'abandonne, l'aimantation cesse, et la lame de fer revient en son point d'arrêt, puis l'abandonne ensuite. Il se détermine donc une vibration d'autant plus rapide que la longueur de la lame vibrante est plus courte, et que la force est plus grande par suite du rapprochement de la lame de l'électro-aimant.

«Pour rendre les sons de plus en plus aigus, il ne s'agit donc que d'employer l'un ou l'autre des deux moyens. Le plus simple est d'avoir une vis que l'on serre ou que l'on desserre à volonté, et qui par cela même éloigne plus ou moins la lame vibrante de l'électro-aimant. Tel est l'appareil de M. Froment au moyen duquel il a obtenu des sons d'une acuité extraordinaire, bien qu'étant fort doux à l'oreille.

«M. Froment n'a pas fait de cet appareil un instrument de musique; mais on conçoit que rien ne serait plus facile que d'en constituer un; il ne s'agirait pour cela que de faire agir les touches d'un clavier sur des leviers métalliques, dont la longueur des bras serait en rapport avec le rapprochement de la lame nécessité pour la vibration des différentes notes. Ces différents leviers, en appuyant sur la lame, joueraient le rôle du butoir d'arrêt, mais ce butoir varierait de position suivant la touche.

«Si le courant était constant, un pareil instrument aurait certainement beaucoup d'avantages sur les instruments à anches dont on se sert, en ce sens qu'on aurait une vibration aussi prolongée qu'on le voudrait pour chaque note, et que les sons seraient plus veloutés; malheureusement l'inégalité d'action de la pile en rend l'usage bien difficile. Aussi ne s'est-on guère servi de ce genre d'appareils que comme régulateurs auditifs pour l'intensité des piles, régulateurs infiniment plus commodes que les rhéomètres, puisqu'ils peuvent faire apprécier les différentes variations d'une pile pendant une expérience, sans qu'on soit obligé d'en détourner son attention.»

En 1856, M. Pétrina, de Prague, imagina un dispositif analogue auquel il donna le nom d'*harmonica électrique*, bien qu'à proprement parler il ne constituât pas dans sa pensée un instrument de musique.

Voici ce que j'en disais dans le tome IV de la seconde édition de mon exposé des applications de l'électricité publié en 1859.

«Le principe de cet appareil est le même que celui du rhéotome de Neef, au marteau duquel on a substitué une baguette dont les vibrations transversales produisent un son. Quatre de ces baguettes, différentes en longueur, sont placées l'une à côté de l'autre, et étant mises en mouvement au moyen de touches, puis arrêtées par des leviers, produisent des sons de combinaison dont il devient facile de démontrer l'origine.»

Dans ce qui précède je ne dis pas, il est vrai,

que ces appareils pouvaient être joués à distance; mais cette idée était toute naturelle, et les journaux allemands prétendent que M. Pétrina l'avait réalisée même avant 1856. Elle était la conséquence de ce que je disais en débutant: «que l'électro-magnétisme pouvait venir en auxiliaire à certains instruments tels que pianos, orgues, etc., *pour leur donner la facilité d'être joués à distance*», et j'indiquais plus loin les moyens employés pour cela et même pour les faire fonctionner sous l'influence d'une petite boîte à musique. Je n'y avais du reste pas attaché d'importance, et ce n'est que comme document historique que je parle de ces systèmes.

Téléphone de M. Elisha Gray, de Chicago. —Ce système, imaginé en 1874, n'est en réalité qu'un appareil du genre de ceux qui précèdent, mais avec des combinaisons importantes qui ont permis de l'appliquer utilement à la télégraphie. Dans un premier modèle il mettait à contribution une bobine d'induction à deux hélices superposées, dont l'interrupteur, qui était à trembleur, était multiple et disposé de manière à produire des vibrations assez nombreuses pour émettre des sons. Ces sons, comme on l'a vu, peuvent avec cette disposition être modifiés suivant la manière dont l'appareil est réglé, et s'il existe à côté les uns des autres un certain nombre d'interrupteurs de ce genre, dont les lames vibrantes soient réglées de manière à fournir les différentes notes de la gamme sur plusieurs octaves, on pourra, en mettant en action tels ou tels d'entre eux, exécuter sur cet instrument d'un nouveau genre un morceau de musique dont les sons se rapprocheront de ceux produits par les instruments à anches, tels que harmoniums, accordéons, etc. La mise en action de ces interrupteurs pourra d'ailleurs être effectuée au moyen du courant primaire de la bobine d'induction qui circulera à travers l'un ou l'autre des électro-aimants de ces interrupteurs, sous l'influence de l'abaissement de l'une ou l'autre des touches d'un clavier commutateur, et les courants secondaires qui naîtront dans la bobine sous l'influence de ces courants primaires interrompus, pourront transmettre des vibrations correspondantes à distance sur un récepteur. Celui-ci pourrait être analogue à ceux dont nous avons parlé précédemment pour les téléphones de Reiss, de Wray, etc., mais M. Gray a dû le modifier pour obtenir des effets plus amplifiés.

Nous représentons (fig. 4) la disposition de ce premier système. Les vibrateurs sont en A et A', les touches du clavier en M et M', la bobine d'induction en B, et le récepteur en C. Ce récepteur se compose, comme on le voit, d'un simple électro-aimant NN' au-dessus des pôles duquel est adaptée une caisse cylindrique en métal C dont le fond est en fer et sert d'armature. Cette boîte étant percée comme les violons de deux trous en S, joue le rôle de caisse sonore, et M. Elisha Gray a reconnu que les mouvements moléculaires déterminés au sein du noyau magnétique et de son armature, sous l'influence des alternatives d'aimantation et de désaimantation, étaient suffisants pour engendrer des vibrations en rapport avec la rapidité de ces alternatives, et fournir des sons qui devenaient perceptibles par suite de leur amplification par la boîte sonore.

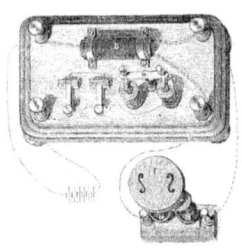

Fig. 4.

S'il faut en croire M. Elisha Gray, les vibrations transmises par des courants secondaires seraient capables de faire résonner à distance, par l'intermédiaire du corps humain, des lames conductrices susceptibles d'entrer facilement en vibration et disposées sur des caisses sonores. Ainsi l'on pourrait faire produire des sons musicaux à des cylindres de cuivre placés sur une table, à une plaque métallique appliquée sur une sorte de violon, à une feuille de clinquant tendue sur un tambour ou à toute autre substance résonnante, en touchant d'une main ces différents corps et en prenant de l'autre le bout du fil du circuit. Ces sons qui pourraient avoir un timbre différent, suivant la nature de la substance touchée, reproduiraient la note transmise avec le nombre exact de vibrations qui lui correspond[5].

On comprend aisément que les effets obtenus dans le système représenté (fig. 4) pourraient être reproduits, si au lieu d'interrupteurs ou de rhéotomes électriques, on employait à la station de transmission des interrupteurs mécaniques disposés de manière à fournir le nombre d'interruptions de courants en rapport avec les vibrations des différentes notes de la gamme. On pourrait encore, par ce moyen, se dispenser de la bobine d'induction et faire réagir directement sur le récepteur le courant ainsi interrompu par l'interrupteur mécanique. M. Elisha Gray a du reste combiné une autre disposition de ce système téléphonique qu'il a appliquée à la télégraphie pour les transmissions électriques simultanées, et dont nous parlerons plus tard.

Téléphone de M. Varley.—Ce téléphone n'est à proprement parler qu'un téléphone musical dans le genre de celui de M. Gray, mais dont le récepteur présente une disposition originale vraiment intéressante.

Cette partie de l'appareil est essentiellement constituée par un véritable tambour de grandes dimensions (3 ou 4 pieds de diamètre), dans l'intérieur duquel est placé un condensateur formé de quatre feuilles de papier d'étain séparées par des feuilles en matière parfaitement isolante, et dont la surface représente à peu près la moitié de celle du tambour. Les lames de ce condensateur sont disposées parallèlement aux membranes du tambour et à une très-petite distance de leur surface.

Si une charge électrique est communiquée à l'une des séries de plaques conductrices de ce condensateur, celles qui leur correspondront se trouveront attirées, et si elles peuvent se mouvoir, elles pourront communiquer aux couches d'air interposées un mouvement qui, en se communiquant aux membranes du tambour, pourront, pour une série de charges très-rapprochées les unes des autres, faire vibrer ces membranes et engendrer des sons; or ces sons seront en rapport avec le nombre des charges et décharges qui seront produites. Comme ces charges et décharges peuvent être déterminées par la réunion des deux armatures du condensateur aux extrémités du circuit secondaire d'une bobine d'induction dont le circuit primaire sera interrompu convenablement, on voit immédiatement que, pour faire émettre par le tambour un son donné, il suffira de faire fonctionner l'interrupteur de la bobine d'induction de manière à produire le nombre de vibrations que comporte ce son.

Le moyen employé par M. Varley pour produire ces interruptions est celui qui a été déjà mis en usage dans plusieurs applications électriques et notamment pour les chronographes; c'est un diapason électro-magnétique réglé de manière à émettre le son qu'il s'agit de transmettre. Ce diapason peut, en formant lui-même interrupteur, réagir sur le courant primaire de la bobine d'induction, et s'il y a autant de ces diapasons que de notes musicales à transmettre, et que les électro-aimants qui les animent soient reliés à un clavier de piano, il sera possible de transmettre de cette manière une mélodie à distance comme dans le système de M. Elisha Gray.

La seule chose particulière dans ce système est le fait de la reproduction des sons par l'action d'un condensateur, et nous verrons plus loin que cette idée, reprise par MM. Pollard et Garnier, a conduit à des résultats vraiment intéressants.[Table des Matières]

TÉLÉPHONES PARLANTS.

Les téléphones que nous venons d'étudier ne peuvent transmettre, comme on l'a vu, que des sons musicaux, puisqu'ils ne peuvent répéter que des vibrations simples, en nombre plus ou moins grand, il est vrai, mais non en combinaisons simultanées, telles que celles qui doivent reproduire les sons articulés. Jusqu'à l'époque de l'invention de M. Bell, la transmission de la parole ne pouvait donc se faire que par des tubes acoustiques ou par les téléphones à ficelle dont nous avons déjà parlé. Bien que ces sortes d'appareils n'aient aucun rapport avec ceux que nous nous proposons d'étudier dans cet ouvrage, nous avons cru devoir en dire ici quelques mots, car ils peuvent quelquefois être combinés avec les téléphones électriques, et, d'ailleurs, ils représentent la première étape de l'invention.

Téléphones à ficelle.—Les téléphones à ficelle qui depuis plusieurs années inondent les boulevards et les rues des différentes villes d'Europe, et dont l'invention remonte, comme on l'a vu, à l'année 1667, sont des appareils très-intéressants par eux-mêmes, et nous sommes étonné qu'ils n'aient pas figuré plutôt dans les cabinets de physique. Ils sont constitués par des tubes cylindro-coniques en métal ou en carton, dont un bout est fermé par une membrane tendue de parchemin, au centre de laquelle est fixée par un nœud la ficelle ou le cordon destiné à les réunir. Quand deux tubes de ce genre sont ainsi réunis et que le fil est bien tendu, comme on le voit fig. 5, il suffit qu'une personne applique un de ces tubes contre l'oreille et qu'une autre personne parle très-près de l'ouverture de l'autre tube, pour que toutes les paroles prononcées par cette dernière soient immédiatement transmises à l'autre, et l'on peut même converser de cette manière à voix presque basse. Dans ces conditions, les vibrations de la membrane impressionnée par la voix se trouvent transmises mécaniquement à l'autre membrane par le fil qui, comme l'avait annoncé le physicien de 1667, transmet les sons beaucoup mieux que l'air. On a pu par ce moyen converser à une distance de cent cinquante mètres, et il paraîtrait que la grosseur et la nature des fils exercent une certaine influence. Suivant les vendeurs de ces appareils, les fils de soie seraient ceux qui donneraient les meilleurs résultats et les ficelles de chanvre les moins bons. Ce sont ordinairement des fils de coton tressés qui sont employés afin de permettre de livrer à bon marché ces appareils.

Fig. 5.

Dans certains modèles on a disposé les tubes de manière à présenter, entre la membrane et l'embouchure, un diaphragme percé d'un trou, et l'appareil ressemble alors à une espèce de cloche dont le fond aurait été percé et recouvert à quelques millimètres au-dessus de la membrane de parchemin; mais je n'ai pas reconnu de supériorité bien marquée à ce modèle.

On a également prétendu que les cornets en métal nickelé étaient préférables; je n'en suis pas davantage convaincu. Quoi qu'il en soit, ces appareils ont donné des résultats qu'on était loin d'attendre, et bien que leurs usages pratiques soient très-restreints, ils constituent des instruments scientifiques très-intéressants et des jouets instructifs pour les enfants.

D'après M. Millar, de Glascow, l'intensité des effets produits dans ces téléphones dépend beaucoup de la nature de la ficelle, de la manière dont elle est attachée et de la manière dont la membrane est placée sur l'embouchure.

Perfectionnements apportés aux téléphones à ficelle.—Les effets prodigieux des téléphones Bell ont dans ces derniers temps remis à la mode les téléphones à ficelle qui étaient restés jusque-là dans le domaine des jouets d'enfant. La possibilité qu'ils ont donnée de transmettre à plusieurs personnes la parole reproduite sur un téléphone électrique a fait rechercher les moyens de les utiliser concurremment avec ces derniers, et pour cela on a dû d'abord examiner le moyen le plus efficace de les faire parler sur un fil présentant plusieurs coudes; nous avons vu que, dans les conditions ordinaires, ces appareils ne parlaient distinctement que quand le fil était tendu en ligne droite. Pour résoudre ce problème, M. A. Bréguet a eu l'idée d'employer comme supports des espèces de petits tambours de basque par le centre desquels on fait passer le fil; le son porté par la partie du fil en rapport avec le cornet dans lequel on parle, fait alors vibrer la membrane de ce tambour, et celle-ci communique ensuite la vibration à la partie du fil qui suit. On peut de cette manière obtenir autant de coudes que l'on veut et soutenir le fil sur toute la longueur qui peut convenir à ces sortes de téléphones, laquelle ne dépasse guère cent mètres.

M. A. Bréguet a fait encore de ce système des espèces de relais pour arriver au même but, et pour cela il fait aboutir les fils à deux membranes qui ferment les deux ouvertures d'un cylindre de laiton; les sons reproduits par l'une des membranes réagissent sur l'autre, et celle-ci vibre sous cette influence comme si elle était impressionnée par la voix; le cylindre joue alors le rôle d'un tube acoustique ordinaire, et sa forme peut être aussi variée qu'on peut le désirer.

Il paraît que M. A. Badet, dès le 1er février 1878, était parvenu à faire fonctionner d'une manière analogue les téléphones à ficelle, et il se servait pour cela de parchemins tendus sur des cadres qui faisaient l'office de tables résonnantes. Le fil était fixé au centre de la membrane et faisait avec elle tel angle que l'on voulait.

Plusieurs savants, entre autres MM. Wheatstone, Cornu et Mercadier, se sont occupés il y a déjà longtemps de ces sortes de transmissions par les fils, et tout dernièrement MM. Millar, Heaviside et Nixon ont fait des expériences intéressantes dont nous devons dire quelques mots. Ainsi, M. Millar a reconnu qu'avec un fil télégraphique tendu et relié par deux fils de cuivre à deux disques susceptibles de vibrer, on pouvait transporter les sons musicaux à cent cinquante mètres, et qu'en tendant des fils à travers une maison, ces fils étant reliés à des embouchures et à des cornets auriculaires placés dans différentes chambres, on pouvait correspondre avec toutes ces chambres de la manière la plus facile.

Il a employé pour les disques vibrants, soit du bois, soit du métal, soit de la gutta-percha ayant la forme d'un tambour, et les fils étaient fixés au centre. L'intensité du son semblait augmenter avec la grosseur du fil.

MM. Heaviside et Nixon, dans leurs expériences à New-Castle sur la Tyne, ont reconnu que la grosseur du fil qui donnait les meilleurs résultats était le fil n° 4 de la jauge anglaise. Les disques qu'ils avaient employés étaient en bois de 1/8 de pouce d'épaisseur, et ils pouvaient être placés en un point quelconque de la longueur du fil. Avec un fil bien tendu et tranquille, la parole a pu être entendue de cette manière à une distance de deux cents mètres.

Téléphone électrique de M. Graham Bell.

—Tel était l'état des appareils téléphoniques, lorsqu'en 1876 apparut à l'exposition de Philadelphie le téléphone de Bell que sir W. Thomson n'a pas craint d'appeler la *merveille des merveilles*, et sur lequel l'attention du monde entier s'est trouvée immédiatement portée, bien qu'à vrai dire son authenticité ait soulevé dans l'origine bien des incrédulités. Ce téléphone, en effet, reproduisait les mots articulés, et ce résultat dépassait tout ce que les physiciens avaient pu concevoir. Cette fois ce n'était plus une conception que l'on pouvait, jusqu'à preuve contraire, traiter de fantastique: l'appareil parlait, et même parlait assez haut pour n'avoir pas besoin d'être placé contre l'oreille. Voici ce qu'en disait sir W. Thomson à l'Association britannique pour l'avancement des sciences lors de sa réunion à Glasgow en septembre 1876.

«Au département des télégraphes des États-Unis, j'ai vu et entendu le téléphone électrique de M. Elisha Gray, merveilleusement construit, faire résonner en même temps quatre dépêches en langage Morse, et avec quelques améliorations de détail, cet appareil serait évidemment susceptible d'un rendement quadruple.... Au département du Canada, j'ai entendu: *To be or not to be.—There's the rub*, articulés à travers un fil télégraphique, et la prononciation électrique ne faisait qu'accentuer encore l'expression railleuse des monosyllabes; le fil m'a récité aussi des extraits au hasard des journaux de New-York... Tout cela, mes oreilles l'ont entendu articuler très-distinctement par le mince disque circulaire formé par l'armature d'un électro-aimant. C'était mon collègue du jury, le professeur Watson, qui, à l'autre extrémité de la ligne, proférait ces paroles à haute et intelligible voix, en appliquant sa bouche contre une membrane tendue, munie d'une petite pièce de fer doux, laquelle exécutait près d'un électro-aimant introduit dans le circuit de la ligne, des mouvements proportionnels aux vibrations sonores de l'air. Cette découverte, la merveille des merveilles du télégraphe électrique, est due à un de nos jeunes compatriotes, M. Graham Bell, originaire d'Édimbourg et aujourd'hui naturalisé citoyen des États-Unis.

«On ne peut qu'admirer la hardiesse d'invention qui a permis de réaliser avec des moyens si simples, le problème si complexe de faire reproduire par l'électricité les intonations et les articulations si délicates de la voix et du langage, et pour obtenir ce résultat, il fallait trouver moyen de faire varier l'intensité du courant dans le même rapport que les inflexions des sons émis par la voix.»

S'il faut en croire M. G. Bell, l'invention du téléphone n'aurait pas été le résultat d'une conception spontanée et heureuse; elle aurait été la conséquence de longues et patientes études entreprises par lui sur l'acoustique et les travaux des physiciens qui s'en étaient occupés avant lui[6]. Déjà son père, M. Alexandre Melville Bell, d'Édimbourg, avait fait de cette science une étude approfondie, et était même parvenu à représenter d'une manière excessivement ingénieuse la disposition des organes vocaux pour émettre des sons. Il devait naturellement inculquer à son fils le goût de ses études favorites, et ils firent ensemble de nombreuses recherches pour découvrir les relations qui pouvaient exister entre les divers éléments de la parole dans les différentes langues et les relations musicales existant entre les voyelles. Plusieurs de ces recherches avaient, il est vrai, déjà été entreprises par M. Helmholtz, et même dans de meilleures conditions; mais ces études lui furent d'une grande utilité quand il s'occupa plus tard du téléphone, et les expériences d'Helmholtz qu'il répéta avec un de ses amis, M. Hellis, de Londres, sur la reproduction artificielle des voyelles au moyen de diapasons électriques, le lancèrent dans l'étude de l'application des moyens électriques aux instruments d'acoustique. Il combina d'abord un système d'harmonica électrique à clavier, dans lequel les différents sons de la gamme étaient reproduits par des diapasons électriques de différentes tailles, accordés suivant les différentes notes, et qui étant mis en action par suite de l'abaissement successif des touches du clavier, pouvaient reproduire les sons correspondants aux touches abaissées, comme cela a lieu dans les pianos ordinaires.

Il s'occupa ensuite, dit-il, de télégraphie et pensa à rendre les télégraphes Morse auditifs en faisant réagir l'organe électro-magnétique sur des contacts sonores. Ce résultat, il est vrai, était déjà obtenu dans les parleurs usités en télégraphie, mais il pensa qu'en appliquant ce système à son harmonica électrique et en employant des appareils renforceurs tels que le résonnateur d'Helmholtz à la station de réception, on pourrait obtenir à travers un seul fil des transmissions simultanées, fondées sur l'emploi des moyens phonétiques. Nous verrons plus tard que cette idée s'est trouvée réalisée presque simultanément par plusieurs inventeurs, entre autres par MM. Paul Lacour, de Copenhague, Elisha Gray, de Chicago, Edison et Varley.

C'est à partir de ce moment que commencèrent sérieusement les recherches de M. G. Bell sur les téléphones électriques, et des appareils compliqués il passa aux appareils simples, en faisant une étude complète des différents modes de vibrations résultant d'actions électriques différentes; voici ce qu'il dit à cet égard dans son Mémoire lu à la Société des ingénieurs télégraphistes de Londres, le 31 octobre 1877:

«Si l'on représente par les ordonnées d'une courbe les intensités d'un courant électrique, et les durées des fermetures de ce courant par les abscisses, la courbe fournie pourra représenter des ondes en dessus ou en dessous de la ligne des x, suivant que le courant sera positif ou négatif, et ces ondes pourront être plus ou moins accentuées suivant que les courants transmis seront plus ou moins instantanés.

«Si les courants interrompus pour produire un son sont tout à fait instantanés dans leur manifestation, la courbe représente une série de dentelures isolées comme on le voit, fig. 6, et si les interruptions sont faites de manière à ne provoquer que des différences d'intensité, la courbe se présente sous la forme de la figure 7. Enfin si les émissions de courant sont effectuées de manière que les intensités soient successivement croissantes ou décroissantes, la courbe prend l'aspect représenté fig. 8. Or je donne aux premiers courants le nom de *courants intermittents*, aux seconds le nom de *courants d'impulsion* et aux troisièmes le nom de *courants ondulatoires*.

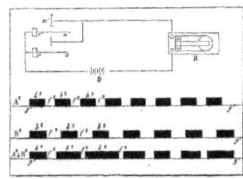

Fig. 6.

«Naturellement ces courants sont *positifs* ou *négatifs*, suivant leur position au-dessus ou au-dessous de la ligne des *x*, et s'ils sont alternativement renversés, les courbes se présentent sous l'aspect de la figure 9, courbes essentiellement différentes des premières, non-seulement par le sens différent des dentelures, mais surtout par la suppression du courant résiduel qui existe toujours avec les courants d'impulsion et les courants ondulatoires.

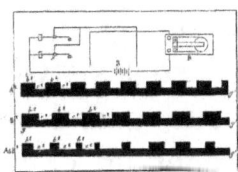

Fig. 7.

«Les deux premiers systèmes de courants ont été employés depuis longtemps pour la transmission électrique des sons musicaux, et le téléphone de Reiss dont nous avons déjà parlé en a été une application intéressante. Mais les courants ondulatoires n'avaient pas été employés avant moi[7], et ce sont eux qui ont permis de résoudre le problème de la transmission de la parole. Pour qu'on puisse se rendre compte de l'importance de cette découverte, il suffit d'analyser les effets produits avec ces différents systèmes de courants, quand plusieurs sons de hauteur différente doivent entrer en combinaison.

«La fig. 6 montre une combinaison dans laquelle les styles *a* et *a'* de deux instruments transmetteurs provoquent l'interruption du courant d'une même batterie B, de manière que les vibrations déterminées soient entre elles dans le rapport d'une tierce majeure, c'est-à-dire dans le rapport de quatre à cinq. Dans ces conditions, les courants sont intermittents, et quatre fermetures de *a* se produiront dans le même espace de temps que les cinq fermetures de *a'*, et les intensités électriques correspondantes seront représentées par les dentelures que l'on voit en A^2 et en B^2; la combinaison de ces intensités $A^2 + B^2$ donnera lieu aux dentelures inégalement espacées que l'on distingue sur la troisième ligne. Or l'on voit que, bien que le courant conserve une intensité uniforme, il est moins de temps interrompu quand les styles interrupteurs réagissent ensemble que quand ils réagissent isolément; de sorte que pour un grand nombre de fermetures simultanées effectuées par des styles animés de différentes vitesses, les effets produits équivalent à celui d'un courant continu. Toutefois le nombre maximum des effets distincts qui pourront être obtenus de cette manière dépendra beaucoup du rapport existant entre les durées des fermetures et des interruptions du courant. Plus les fermetures seront courtes et les interruptions longues, plus les effets transmis sans confusion seront nombreux et vice versâ.

«Avec les courants d'impulsion, la transmission des sons musicaux s'effectue comme l'indique la figure 7, et l'on voit que quand ils sont produits simultanément, l'effet résultant $A^2 + B^2$ est analogue à celui qui serait produit par un courant continu d'intensité minima.

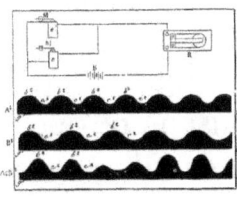

Fig. 8.

«Avec les courants ondulatoires, les choses se passent autrement, mais pour les produire il est nécessaire d'avoir recours aux effets d'induction, et la fig. 8 indique la manière dont l'expérience doit être faite. Dans ce cas, les courants réagissant sur le récepteur musical R résultent de renforcements et d'affaiblissements produits par l'action d'armatures, M, M' vibrant devant des électro-aimants e, e', placés dans le circuit de la batterie B, et comme ces renforcements et affaiblissements successifs sont en rapport avec les positions respectives des armatures par rapport aux pôles magnétiques, les courants qui en résultent peuvent avoir leur intensité représentée par des lignes ondulées comme on le voit en A^2 et en B^2; or ces ondulations, pour la tierce dont il a été question précédemment, seront telles qu'il s'en produira quatre en A^2, dans le même temps qu'il s'en produira cinq en B^2, et il résultera de la combinaison de ces deux effets une résultante qui pourra être représentée par la courbe $A^2 + B^2$, laquelle représente la somme algébrique des courbes A^2 et B^2. Un effet analogue est produit quand on emploie des courants ondulatoires alternativement renversés comme on le voit fig. 9, et pour les obtenir, il suffit d'opposer aux armatures de fer M, M' employées dans la précédente expérience, des aimants permanents et de supprimer la batterie voltaïque B.

«Pour peu qu'on étudie les fig. 8 et 9, continue M. G. Bell, on reconnaît aisément que la transmission simultanée, par un même fil, de sons de différente force et de différente nature ne peut, dans le cas qui nous occupe en ce moment, altérer le caractère des vibrations qui les ont provoquées, comme cela a lieu avec les courants intermittents ou avec les courants d'impulsion; elle ne fait que changer la forme des ondulations, et ce changement se produit de la même manière que dans le milieu aériforme qui transmet à l'oreille la combinaison des sons émis. On peut donc de cette manière transmettre à travers un fil télégraphique le même nombre de sons qu'à travers l'air.»

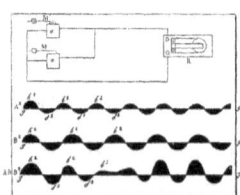

Fig. 9.

Après avoir appliqué les principes précédents à la construction d'un système télégraphique à transmissions multiples[8], M. G. Bell ne tarda pas à en tirer parti dans de nouvelles recherches qu'il fit alors pour perfectionner l'éducation vocale des sourds et muets. «Il est bien connu, dit M. Bell, que les sourds et muets ne sont muets que parce qu'ils sont sourds et qu'il n'y a dans leur système vocal aucun défaut qui puisse les empêcher de parler. Par conséquent, si l'on parvenait à rendre visible la parole et à déterminer les fonctions du mécanisme vocal nécessaires pour produire tel ou tel son articulé représenté, il deviendrait possible d'enseigner aux sourds et muets la manière de se servir de leur voix pour parler. Le succès que j'obtins de ce système dans les expériences que je fis à l'école de Boston m'engagea à étudier d'une manière toute particulière les relations qui pouvaient exister entre les sons produits et leur représentation graphique, et j'employai, à cet effet, la capsule manométrique de M. Kœnig et le phonautographe de M. Léon Scott auquel M. Maurey de Boston avait appliqué un enregistreur assez sensible pour être mis en action par la voix. Cet enregistreur consistait d'ailleurs dans un style de bois de un pied de longueur environ, qui était fixé directement sur la membrane vibrante du phonautographe et qui pouvait fournir sur une surface plane de verre noirci, des traces assez amplifiées pour être d'une distinction facile. Quelques-unes de ces traces sont représentées fig. 10. Je fus très-frappé des résultats produits par cet instrument, et il me sembla qu'il y avait une grande analogie entre lui et l'oreille humaine. Je cherchai alors à construire un phonautographe modelé davantage sur le mécanisme de l'oreille, et j'eus pour cela recours à un célèbre médecin spécialiste de Boston, M. le docteur Clarence J. Blake. Il me proposa de me servir de l'oreille humaine elle-même comme de phonautographe plutôt que de chercher à l'imiter, et d'après cette idée, il construisit l'appareil représenté fig. 11, auquel fut adapté un style traçant. En enduisant la membrane du tympan et le pavillon circulaire avec un mélange de glycérine et d'eau, on communiqua à ces organes une souplesse suffisante pour que, en chantant dans la partie extérieure de cette sorte de membrane artificielle, le style fût mis en vibration, et l'on obtint ainsi des traces sur une plaque de verre noircie, disposée au-dessous de ce style et soumise à un mouvement d'entraînement rapide. La disproportion considérable de masse et de grandeur qui, dans cet appareil, existait entre la membrane et les osselets mis en vibration par elle, attira particulièrement mon attention et me fit penser à substituer à la disposition compliquée que j'avais employée pour mon téléphone à transmission de sons multiples, une simple membrane à laquelle était fixée une armature de fer. Cet appareil fut alors disposé comme l'indique la fig. 12, et je croyais obtenir par lui les courants ondulatoires qui m'étaient nécessaires[9]. En effet, en articulant à la branche sans bobine d'un électro-aimant boiteux une armature de fer doux A, reliée par une tige à une membrane en or battu n, je devais obtenir, par suite des vibrations de celles-ci, une série de courants induits ondulatoires qui, réagissant sur l'électro-aimant d'un appareil semblable placé à distance, devaient faire reproduire à l'armature de celui-ci les mouvements de la première armature, et par conséquent faire vibrer la membrane correspondante, exactement comme celle ayant provoqué les courants. Toutefois les résultats que j'obtins de cet arrangement ne furent pas satisfaisants, et il me fallut encore entreprendre bien des essais qui m'amenèrent à réduire autant que possible les dimensions et le poids des armatures et même à les constituer avec des ressorts de pendule de la grandeur de l'ongle de mon pouce. Dans ces conditions, au lieu d'articuler ces armatures, je les attachai au centre des membranes, et mon appareil fut alors disposé comme l'indique la fig. 13[10]. Nous pûmes alors, mon ami M. Thomas Watson et moi, obtenir des transmissions téléphoniques qui nous montrèrent que nous étions dans la bonne voie. Je me souviens d'une expérience faite alors avec ce téléphone qui me remplit de joie. Un des deux appareils était placé à Boston dans une des salles de conférences de l'université, l'autre dans le soubassement d'un bâtiment adjacent. Un de mes élèves observait ce dernier appareil, et je tenais l'autre. Après que j'eus prononcé ces mots: «*Comprenez-vous ce que je dis?*», quelle a été ma joie quand je pus entendre moi-même cette réponse à travers l'instrument: «Oui, je vous comprends parfaitement.» Certainement l'articulation de la parole n'était pas alors parfaite, et il fallait l'extrême attention que je prêtais, pour distinguer les mots de cette réponse; cependant l'articulation de ces mots existait, et je pouvais croire que leur manque de clarté devait être rapporté uniquement à l'imperfection de l'instrument. Sans entrer dans le détail de tous les essais que je dus entreprendre pour améliorer la construction de cet appareil, je dirai qu'au bout de quelque temps je fus conduit à employer comme téléphone de réception l'appareil représenté fig. 14, et c'est ce modèle joint à celui de la fig. 13, combiné comme transmetteur, qui fut admis à l'exposition de Philadelphie.

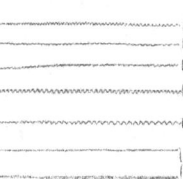

Fig. 10.

Fig. 11.

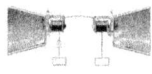 Fig. 12.

Fig. 13.

Fig. 14.

«Dans ce nouveau modèle de récepteur, la membrane était remplacée par une lame vibrante de fer L fixée sur l'enveloppe cylindrique d'un électro-aimant tubulaire C, et le système était monté sur un pont P qui servait de caisse sonore. Les articulations produites par cet appareil étaient bien distinctes; mais son grand défaut était qu'il ne pouvait servir d'appareil transmetteur; il était donc nécessaire d'avoir deux appareils à chaque station, l'un pour la transmission, l'autre pour la réception.

«Je cherchai alors à changer la disposition du téléphone transmetteur en variant les conditions de ses éléments constituants, tels que les dimensions et la tension de la membrane, le diamètre et l'épaisseur de l'armature, la grandeur et la puissance de l'aimant et même les hélices de fil enroulé sur ce dernier; j'ai pu en reconnaître empiriquement les meilleures conditions d'organisation et combiner la meilleure forme à donner à l'appareil. Ainsi j'avais reconnu, par exemple, qu'en diminuant la longueur de la bobine du fil de l'hélice magnétisante et la surface de la lame de fer attachée à la membrane, j'augmentais non-seulement l'intensité des sons, mais encore leur netteté d'articulation; ce qui me fit naturellement abandonner la membrane en or battu pour n'employer qu'une simple plaque de fer, et comme il m'était démontré depuis longtemps que l'intervention du courant traversant la bobine de l'électro-aimant n'était utile que pour magnétiser celui-ci, je me décidai à supprimer la pile et à employer pour noyau magnétique un aimant permanent. Toutefois, comme à l'époque où ces instruments devaient être exposés pour la première fois en public, les résultats obtenus avec ce dernier système étaient moins satisfaisants qu'avec celui qui mettait à contribution la batterie voltaïque, je ne voulus exposer que cette dernière disposition d'instrument, ce qui donna l'occasion à certaines personnes et, entre autres au professeur Dolbear du collége de Tufts, de réclamer la priorité pour l'introduction des aimants permanents dans le téléphone; mais j'en avais eu l'idée dès le commencement de mes recherches et alors que je m'occupais des transmissions simultanées des sons musicaux.

 Fig. 15.

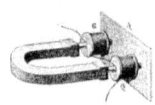 Fig. 16.

«La fig. 15 représente le premier perfectionnement que j'ai apporté à l'appareil exposé à Philadelphie, et la fig. 16 en représente un autre qui a fourni des effets très-puissants. Dans ce dernier, l'aimant était en fer à cheval et disposé à la manière de celui que M. Hughes a employé pour son télégraphe imprimeur. Avec cet appareil, les sons pouvaient être entendus (faiblement il est vrai)

par une nombreuse assemblée; il fut exposé le 12 février 1877 à l'institut d'Essex, à Salem (Massachusetts), et y reproduisit devant un auditoire de 600 personnes un discours prononcé à Boston dans un appareil semblable. Les intonations de la voix de celui qui parlait ont pu être distinguées par l'auditoire. Toutefois l'articulation n'était distincte qu'à une distance de 6 pieds de l'instrument. Il fut fait à cette occasion un rapport qu'on transmit par l'appareil à Boston, et qui fut reproduit le lendemain dans les journaux de cette ville.

«Entre la forme de la fig. 13 et celle de l'appareil actuel, représenté fig. 17, il n'y a qu'une différence bien légère, et cette dernière forme n'a été combinée que pour rendre l'appareil plus portatif et d'un usage plus commode. Sous ce rapport, je dois exprimer ma reconnaissance à plusieurs de mes amis, entre autres à MM. les professeurs Peirce et Blake, le docteur Channing, M. Clarke et M. Jones, pour l'aide qu'ils m'ont prêté. Ainsi M. Peirce a été le premier à démontrer la possibilité de l'emploi dans les téléphones d'aimants de très-petites dimensions. C'est lui également qui a donné à l'embouchure recouvrant la plaque vibrante la forme que j'ai adoptée pour le modèle définitif qui est représenté fig. 17.

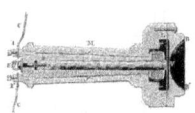

Fig. 17.

Outre le modèle représenté fig. 13, il se

trouvait encore à l'exposition de Philadelphie un autre système de transmetteur téléphonique qui est reproduit fig. 18 et qui était fondé sur l'action directe des courants voltaïques. Un fil de platine *p* fixé à une membrane tendue LL complétait par son immersion dans de l'eau V le circuit réunissant les deux appareils en correspondance. En parlant en E devant la membrane tendue, les vibrations communiquées à la pointe de platine modifiaient la résistance du circuit dans des conditions telles, que le courant réagissait sur le récepteur par impulsions ondulatoires tout à fait semblables à celles résultant des courants induits. Les sons produits devenaient plus forts quand le liquide était légèrement acidulé ou salé, et l'on obtenait encore de bons résultats au moyen d'une pointe de plombagine immergée dans du mercure, de l'eau acidulée ou salée, ou dans une solution de bichromate de potasse.

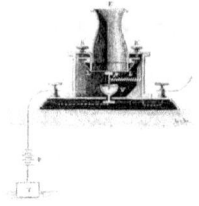

Fig. 18.

«Bien que mes recherches eussent pour but final le perfectionnement de la télégraphie, je pus constater dans le cours de mes expériences quelques effets intéressants que je crois devoir rapporter ici. Ainsi j'observai qu'un son musical était produit par le seul fait du passage d'un courant à travers un morceau de plombagine ou de charbon de cornue. Des effets extrêmement curieux résultaient aussi du passage de courants intermittents alternativement renversés à travers le corps humain. Ainsi un rhéotome étant placé dans le circuit primaire d'un appareil d'induction et les deux bouts du fil du circuit secondaire étant réunis à deux électrodes de cuivre dont une était placée près de l'oreille, on percevait des sons très-distincts aussitôt que l'on touchait de la main l'autre électrode. En touchant des deux mains les deux électrodes et plaçant les doigts contre l'oreille, des craquements se faisaient entendre et semblaient venir des doigts, comme s'ils étaient la répercussion du tremblement musculaire résultant du passage des courants induits. Ces bruits pourtant n'existaient que pour la personne sur laquelle l'expérience était faite. Quand deux personnes se tenant par la main étaient interposées dans le circuit au lieu d'une seule, un son se produisait au contact des mains réunies, mais il fallait pour cela que les mains ne fussent pas humides. Ce phénomène se reproduisait, du reste, quand le contact de ces deux personnes était effectué sur une partie quelconque de leur corps. Au contact des bras, le bruit était assez intense pour être entendu à plusieurs pieds de distance, et il était alors presque toujours accompagné d'une légère secousse. L'introduction d'une feuille de papier entre les deux parties en contact n'interrompait pas la production du son, mais elle supprimait l'effet désagréable de la secousse. Quand on faisait passer le courant intermittent de la bobine de Ruhmkorff à travers le bras d'une personne, on pouvait, en y appliquant l'oreille, entendre un son qui semblait provenir des muscles de l'avant-bras et du biceps.

«Du reste, des sons musicaux très-nets se font entendre quand on fait fonctionner l'interrupteur du circuit primaire de l'appareil de Ruhmkorff, et s'il y a deux interrupteurs, on obtient deux sons différents, ce qui montre que ces sons proviennent de l'étincelle.

«Voici encore une expérience très-intéressante, faite par le professeur Blake avec un téléphone dont le barreau aimanté était remplacé par une tige de fer doux de six pieds de longueur. Ce téléphone étant réuni électriquement à un téléphone ordinaire du modèle de la fig. 17, reproduisait très-bien les sons émis dans ce dernier; mais leur intensité variait suivant la direction que l'on donnait à la tige de fer, et le maximum correspondait à la position de la tige dans le méridien magnétique.

«Quand on interpose un téléphone dans un circuit télégraphique, on entend des bruits d'un caractère très-particulier dont l'origine me paraît encore assez complexe et souvent obscure. Il en est pourtant qui doivent provenir de l'induction exercée par les fils voisins et des dérivations de courant qui se produisent toujours à travers les supports des fils, car les signaux télégraphiques échangés à travers ces fils voisins sont parfaitement perçus dans le téléphone. Certains bruits résultent aussi des courants terrestres, des vibrations du fil sous l'influence des courants d'air et même des frictions produites par des joints défectueux. La sensibilité du téléphone est, du reste, telle que les bruits résultant des transmissions télégraphiques voisines peuvent être perçus quand on substitue au fil télégraphique du téléphone un rail de chemin de fer, et alors même que les fils télégraphiques les plus voisins de ce rail sont éloignés de quarante pieds. D'un autre côté, M. Peirce a reconnu que des sons peuvent être produits dans un téléphone, quand le fil télégraphique auquel cet appareil est réuni est impressionné par une aurore boréale. Quelquefois aussi, des airs chantés ou joués sur un instrument de musique se sont trouvés transmis par le téléphone sans qu'on ait pu savoir leur provenance; mais ce qui montre le plus la merveilleuse sensibilité de cet appareil, c'est la possibilité qu'il donne de reproduire la parole à travers des corps que l'on pourrait croire à peu près non conducteurs. Ainsi la communication à la terre d'un circuit téléphonique peut être faite par l'intermédiaire du corps humain malgré l'interposition des bas et des chaussures; et elle peut même être effectuée si, au lieu d'être sur le sol, on est placé sur un mur en briques. Il n'y a que la pierre de taille et le bois qui constituent un obstacle assez grand pour couper la communication; mais il suffit que le pied touche le terrain avoisinant, soit même une touffe de gazon, pour qu'aussitôt les effets électriques manifestent leur présence.

«D'après ces résultats, une question toute naturelle pouvait se poser à l'esprit: quelle est la longueur maxima de circuit à laquelle les transmissions téléphoniques peuvent atteindre?... Mais il est difficile d'y répondre en raison des conditions différentes dans lesquelles peut être placée l'expérience. Dans les essais de laboratoire on est parvenu à échanger sans difficulté des correspondances sur des circuits de 60,000 ohms de résistance, soit 6000 kilomètres de fil télégraphique, et je suis parvenu à transmettre sur un circuit dans lequel étaient interposées 16 personnes se tenant par la main, lequel circuit avait une résistance d'environ 6400 kilomètres. Toutefois la plus grande longueur de circuit télégraphique sur laquelle j'ai pu obtenir une transmission nette de la parole, n'a pas dépassé 250 milles. Dans cette expérience, aucune difficulté ne survint, tant que les lignes télégraphiques voisines n'étaient pas en activité; mais aussitôt que les correspondances s'échangèrent à travers ces lignes, les sons vocaux, quoique encore perceptibles, étaient bien diminués d'intensité, et l'on aurait cru entendre une conversation échangée au milieu d'un orage. On a pu également transmettre la parole à travers les câbles sous-marins, et M. Preece m'informe que des résultats satisfaisants ont été obtenus à travers un câble de 60 milles de longueur, immergé entre Dartmouth et l'île de Guernesey, et cela avec des téléphones à main du modèle ordinaire.»

Part de M. Elisha Gray dans l'invention du téléphone.—Nous avons vu (p. 8) que si M. Bell a été le premier à construire et à rendre pratique le téléphone parlant, M. Elisha Gray avait le premier conçu le principe de cet instrument et l'avait combiné en électricien consommé. Un travail très-curieux qu'il vient de publier sur ses diverses inventions en téléphonie montre que dès l'année 1874 (en juin), il avait combiné un récepteur à lame vibrante dont on peut se faire une idée en supposant un électro-aimant soutenu verticalement devant le fond d'un plat métallique évasé, dont la partie plate, c'est-à-dire le fond, serait très-mince et éloignée de quelques dixièmes de millimètre seulement des pôles de l'électro-aimant.

Le transmetteur correspondant à ce récepteur n'était, il est vrai, qu'une sorte de tuyau d'orgue dont l'anche agissait comme interrupteur de courant, et par conséquent il ne pouvait transmettre que des sons musicaux. Mais en 1875, M. Gray pensa à disposer un transmetteur pour les sons articulés, et le 15 février 1876, il déposa, comme nous l'avons vu, à l'office des patentes américaines un *caveat* dans lequel était exposé un système complet de téléphone parlant. Ce système ne fut pas, il est vrai, exécuté immédiatement, car M. Gray croyait qu'un téléphone de ce genre n'avait qu'un intérêt secondaire au point de vue commercial et télégraphique, et il attachait plus d'importance à son système de téléphone musical appliqué aux transmissions multiples; mais sa description était complète comme on peut en juger par la fig. 19 qui représente l'ensemble du système.

Fig. 19.

Dans ce système, le transmetteur était tout à fait semblable à celui à liquide dont M. Bell parle dans son mémoire et que nous avons décrit p. 51[11], et le récepteur ressemblait beaucoup à celui que nous avons représenté fig. 13. Pourtant, en principe, le système de M. Gray différait entièrement de celui adopté définitivement par M. G. Bell. Dans le premier, en effet, les variations d'intensité du courant nécessaires pour la production des mots articulés, étaient la conséquence de variations dans la résistance du circuit, et ces variations étaient obtenues par l'intermédiaire d'un liquide au sein duquel se mouvait, sous l'influence des vibrations d'une membrane tendue adaptée à un porte-voix, une pointe de platine mise en rapport avec une pile. Du rapprochement plus ou moins grand de cette pointe d'une électrode mise en rapport avec l'appareil récepteur, résultaient des différences de conductibilité du liquide proportionnelles aux amplitudes et aux inflexions des vibrations de la membrane, et ces différences d'intensité étaient traduites sur le récepteur par des magnétisations plus ou moins grandes d'un électro-aimant actionnant un disque de fer doux, fixé au centre d'une membrane tendue sur une sorte de résonnateur ou de cornet acoustique. Ce système appartenait donc à la catégorie des téléphones à pile que M. Edison, comme nous allons le voir à l'instant, a rendus si importants par la substitution au liquide d'un conducteur secondaire en charbon, et qui devaient plus tard donner naissance au *microphone*.

Le système Bell, comme on l'a vu, bien que mettant dans l'origine à contribution une pile, ne déterminait les affaiblissements et les renforcements électriques nécessaires à l'articulation des mots, qu'au moyen de courants d'induction provoqués par les mouvements d'une armature de fer doux, courants dont l'intensité était, par conséquent, fonction de l'amplitude et des inflexions de ces mouvements. La pile n'intervenait que pour communiquer à l'inducteur une forte aimantation. Or cet emploi des courants induits dans les transmissions téléphoniques était déjà d'une grande importance, car les diverses expériences faites depuis ont montré leur supériorité sur les courants voltaïques dans cette application. Mais l'expérience lui montra bientôt que non-seulement il n'était pas besoin pour faire agir cet instrument d'un appareil d'induction puissant animé par une pile, mais qu'un aimant permanent très-faible et très-petit pouvait à lui seul fournir des courants suffisants. Cette découverte à laquelle avait contribué M. Peirce, ainsi qu'on l'a vu, était d'une extrême importance, car elle permettait de réduire considérablement les dimensions de l'appareil, elle le rendait portatif et susceptible de se prêter à la transmission et à la réception, et elle montrait que le téléphone était le plus sensible de tous les appareils révélateurs de l'action des courants. Si donc M. Bell n'a pas employé le premier les moyens efficaces pour transmettre les mots articulés, on peut dire qu'il a cherché comme M. Gray à résoudre le problème par des *courants ondulatoires*, et qu'il a obtenu ces courants au moyen des effets d'induction, système qui, étant perfectionné, devait conduire aux résultats importants que tout le monde connaît. N'y eût-il que la connaissance qu'il a donnée au monde étonné d'un instrument capable de reproduire télégraphiquement la parole, qu'une grande gloire lui serait acquise, car ce problème avait été regardé jusque-là comme insoluble.

En résumé, les prétentions de M. Gray à l'invention du téléphone ont été résumées par lui de la manière suivante, dans un travail très-intéressant intitulé: *Experimental researches on electro-harmonic telegraphy and telephony.*

1° J'ai trouvé le premier les moyens pratiques de transmettre à travers un circuit fermé les sons composés et d'inflexions variables par la superposition de deux ou de plusieurs ondes électriques.

2° Je prétends avoir découvert et utilisé le premier le moyen de reproduire les vibrations par l'emploi d'un aimant récepteur constamment animé par une action électrique.

3° Je prétends encore être le premier à avoir construit un instrument ayant un aimant avec un diaphragme circulaire en matière magnétique, soutenu par ses bords à une petite distance en face des pôles de l'aimant, et susceptible d'être appliqué à la transmission et à la réception des sons articulés.

4° Je soutiens avoir décrit le premier le téléphone à sons articulés, et cela d'une manière assez exacte et assez complète pour qu'un téléphone exécuté d'après cette description ait pu transmettre et reproduire fidèlement la parole.[Table des Matières]

EXAMEN DES PRINCIPES FONDAMENTAUX SUR LESQUELS REPOSE LE TÉLÉPHONE DE BELL.

Bien que l'historique qui précède soit suffisant pour faire comprendre aux personnes initiées dans la science électrique le principe du téléphone de Bell, il pourrait bien ne pas en être de même pour la plupart des personnes auxquelles notre livre s'adresse, et nous croyons en conséquence devoir entrer dans quelques détails physiques sur l'origine des courants électriques qui sont en jeu dans les transmissions téléphoniques. Ces détails nous paraissent d'autant plus nécessaires qu'il est beaucoup de personnes qui croient encore que les téléphones de Bell ne sont pas électriques, parce qu'ils ne mettent pas une pile à contribution, et le plus souvent elles les confondent avec les téléphones à ficelle, s'étonnant de la différence de prix qui existe entre les appareils que l'on vend dans les rues et ceux que l'on vend chez les constructeurs.

Sans définir ici ce que c'est qu'un courant électrique, ce qui serait par trop élémentaire, nous pourrons dire que les courants électriques peuvent provenir de beaucoup d'effets divers, et qu'en dehors de ceux qui résultent des piles, il en est d'aussi énergiques qui peuvent provenir d'une action exercée par des aimants sur un circuit conducteur convenablement combiné. Ces courants sont alors appelés *courants d'induction*, et ce sont eux qui sont en jeu dans les téléphones de Bell. Pour qu'on puisse comprendre comment ils se développent dans ces conditions, il sera nécessaire que nous examinions d'abord ce qui arrive quand, devant un circuit fermé, on avance ou l'on retire le pôle d'un aimant, et pour cela nous supposerons qu'un fil de cuivre sur lequel est interposé un galvanomètre est enroulé en cercle, et qu'on dirige vers le centre de ce cercle l'un des pôles d'un aimant permanent. Or voici ce que l'on observera:

1° Au moment où l'on approchera l'aimant, un courant électrique prendra naissance et fera dévier le galvanomètre d'un certain côté. Cette déviation sera d'autant plus grande que le mouvement accompli sera plus étendu, et la tension de ce courant sera d'autant plus grande que le mouvement sera plus brusquement effectué. Ce courant toutefois ne sera jamais qu'instantané.

2° Au moment où l'on éloignera l'aimant, un nouveau courant du même genre prendra naissance, mais il se manifestera en sens inverse du premier. Il sera ce que l'on appelle un *courant direct*, parce qu'il est de même sens que le courant magnétique de l'aimant qui lui donne naissance, tandis que l'autre courant sera dit *inverse*.

3° Si au lieu d'avancer ou de retirer l'aimant par l'effet d'un seul mouvement, on le fait avancer par saccades, on reconnaît qu'il se détermine une succession de courants dans le même sens dont la présence peut être constatée sur le galvanomètre quand les mouvements sont suffisamment espacés, mais qui se confondent en se superposant quand ces espacements sont très-faibles, et comme des effets inverses résultent des mouvements de l'aimant effectués dans un sens contraire, il arrive que l'aiguille du galvanomètre suit les mouvements de l'aimant et les stéréotype en quelque sorte.

4° Naturellement si, au lieu de réagir sur un simple circuit fermé, l'aimant exerce son action sur un nombre considérable de circonvolutions de ce circuit, c'est-à-dire sur une bobine de fil enroulé, les effets seront considérablement augmentés, et ils le seront encore plus si, à l'intérieur de cette bobine, se trouve un noyau magnétique, car l'action inductive s'effectuera alors de plus près et sur toutes les parties de la bobine. Comme le noyau magnétique en s'aimantant ou en se désaimantant plus ou moins sous l'influence du rapprochement ou de l'éloignement de l'aimant inducteur subit le contre-coup de tous les accidents qui peuvent se manifester pendant le mouvement de cet aimant, les courants induits qui en résultent les accusent parfaitement.

5° Au lieu d'admettre que l'aimant inducteur est mobile, on peut le supposer fixe au centre de la bobine, et l'on peut dès lors déterminer les courants induits dont nous avons parlé en modifiant son énergie. Il suffit pour cela de réagir sur ses pôles au moyen d'une armature de fer. Quand cette armature est approchée de l'un de ces pôles ou de tous les deux en même temps, il acquiert de l'énergie et produit un courant inverse, c'est-à-dire un courant dans le sens qui aurait correspondu à un rapprochement de l'aimant du circuit fermé. Quand elle s'éloigne, l'effet inverse se produit; mais dans les deux cas, les courants induits sont en rapport avec l'étendue et le sens des mouvements accomplis par l'armature, et par conséquent, ils peuvent reproduire par leurs effets les mouvements de cette armature. Or si cette armature est une lame de fer et que cette lame vibre sous l'influence d'un son quelconque devant un système électro-magnétique disposé comme il vient d'être dit plus haut, les allées et venues de cette lame se traduiront par des courants induits, plus ou moins forts, plus ou moins accidentés, suivant l'amplitude et la complexité des vibrations, mais qui seront *ondulatoires*, puisqu'ils résulteront toujours de mouvements successifs et continus et seront, par conséquent, dans les conditions voulues pour transmettre la parole ainsi qu'on l'a vu précédemment.

Quant à l'action déterminée sur le récepteur, c'est-à-dire sur l'appareil qui reproduit la parole, elle est assez complexe, et nous aurons occasion de la discuter plus tard; mais, au premier abord, on peut la concevoir si l'on considère que les effets produits par ces courants induits d'intensité variable qui traversent la bobine du système électro-magnétique, doivent déterminer par les magnétisations et démagnétisations qui en résultent, des vibrations plus ou moins amplifiées, plus ou moins accidentées de la lame armature, lesquelles représentent exactement celles de la lame devant laquelle on a parlé, mais qui n'en peuvent être qu'une réduction. Toutefois les effets sont par le fait plus compliqués, quoique se produisant dans des conditions analogues, et ce sont eux que nous discuterons plus tard quand nous en serons aux expériences faites avec le téléphone. Nous ferons observer néanmoins, dès maintenant, que pour ces reproductions de la parole, il n'est pas nécessaire que le noyau magnétique soit en fer doux, car les effets vibratoires peuvent résulter aussi bien d'aimantations différentielles que d'aimantations directes.[Table des Matières]

DISPOSITION ORDINAIRE DES TÉLÉPHONES BELL.

La disposition la plus généralement employée pour les téléphones est celle que nous avons représentée fig. 20. C'est une sorte de petite boîte circulaire en bois adaptée à l'extrémité d'un manche M, également de bois, qui renferme dans son intérieur le barreau aimanté NS. Ce barreau est fixé au moyen d'une vis *t* et est disposé de manière à pouvoir être avancé ou reculé quand on serre ou l'on desserre la vis, condition nécessaire pour le réglage de l'appareil. À l'extrémité libre du barreau est fixée la bobine magnétique B qui, d'après MM. Pollard et Garnier, doit, pour fournir le maximum d'effet, être construite avec du fil n°. 42 et présenter un grand nombre de spires. Les bouts du fil de cette bobine aboutissent le plus généralement à l'extrémité inférieure du manche par deux tiges de cuivre *f*, *f*, qui traversent celui-ci dans sa longueur et viennent se relier à deux boutons d'attache I, I' où l'on fixe les fils C, C du circuit. Cependant dans les appareils construits par M. Bréguet il n'y a pas de boutons d'attache, et c'est une petite torsade de deux fils flexibles recouverts de gutta-percha et de soie qui est fixée aux deux tiges; un capuchon en bois se visse alors à l'extrémité du manche, et la torsade passe par un trou pratiqué dans ce capuchon; de sorte que l'on n'est nullement gêné dans la manipulation de l'appareil. Des serre-fils adaptés aux extrémités des fils de la torsade, permettent d'ailleurs de les réunir à ceux du circuit. La figure 21 représente cet appareil.

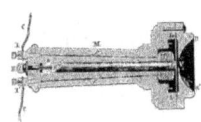

Fig. 20.

Dans une autre disposition, les fils de la bobine aboutissent directement à des boutons d'attache placés au-dessous de la boîte de bois; mais cette disposition est incommode.

Fig. 21.

Au-dessus de l'extrémité polaire du barreau aimanté est placée la lame vibrante en fer LL qui est recouverte soit de vernis noir ou jaune, soit d'étain, soit d'un oxyde bleu, mais qui doit toujours être très-mince. Cette lame a la forme d'un disque, et c'est par les bords de ce disque, appuyés sur une bague en caoutchouc, qu'elle est fixée fortement sur les bords circulaires de la boîte de bois qui est à cet effet composée de deux parties. Ces parties s'ajustent l'une sur l'autre soit au moyen de vis, soit au moyen d'un pas de vis, ménagé à mi-épaisseur de bois. Cette lame doit être le plus rapprochée possible de l'extrémité polaire de l'aimant, mais pas assez pour que les vibrations de la voix déterminent le contact de ces deux pièces. Enfin l'embouchure RR', fig. 20, par laquelle on parle et qui a la forme d'un entonnoir très-évasé, termine la partie supérieure de la boîte et doit être disposée de manière à laisser un certain vide entre la lame et les bords du trou V qui est ouvert à son centre. La capacité intérieure de la boîte doit être calculée de manière à pouvoir jouer le rôle de caisse sonore, sans cependant provoquer d'échos et d'interférences de sons.

Quand l'appareil est bien exécuté, il peut produire des effets très-accentués, et voici ce que m'écrivait à ce sujet M. Pollard, qui est un des premiers qui se soient occupés en France de téléphone.

«L'appareil que j'ai confectionné donne des résultats réellement étonnants: D'abord, au point de vue de la résistance, 5 ou 6 personnes introduites dans le circuit n'affaiblissent pas sensiblement l'intensité des sons. Quand on met un appareil sur chaque oreille on a absolument la même sensation que si le correspondant parlait derrière à quelques mètres. L'intensité, la netteté, la pureté du timbre sont irréprochables.

«Je puis parler à mon collègue à voix complétement basse, avec le souffle pour ainsi dire, et causer avec lui sans que des personnes placées à deux mètres de moi puissent saisir un seul mot de notre conversation.

«Au point de vue de la réception, lorsqu'on m'appelle en élevant la voix, j'entends cet appel de tous les points de mon bureau, du moins quand le silence y règne; dans tous les cas, lorsque je suis assis à ma table et que l'instrument est à quelques mètres de moi, je m'entends toujours appeler. Pour augmenter l'intensité des sons, j'adapte à l'embouchure un cornet en cuivre de forme conique, et dans ces conditions, on entend, au bout de la ligne, parler dans mon bureau à 2 ou 3 mètres de l'embouchure; de ma place, à 1 mètre environ du cornet, je puis entendre et parler sans effort à mon collègue.»

Pour se servir du téléphone ordinaire de Bell, il faut parler nettement devant l'embouchure du téléphone qu'on tient à la main, pendant que l'auditeur placé à la station correspondante tient contre son oreille l'embouchure du téléphone récepteur. Ces deux appareils composent un circuit fermé avec les deux fils qui les relient, mais un seul suffit pour réaliser complétement la transmission, si l'on a soin de mettre en communication les deux appareils avec la terre qui, de cette manière, tient lieu du second fil. M. Bourbouze prétend qu'en employant ce moyen l'intensité des sons dans le téléphone est grandement augmentée; mais nous croyons que cette augmentation dépend des conditions du circuit, quoiqu'il prétende qu'on puisse la constater sur un circuit ne dépassant pas 70 mètres.

Dans la pratique, il convient d'avoir à sa disposition deux téléphones à chaque station, afin d'en avoir un à l'oreille pendant qu'on parle dans l'autre, comme on le voit fig. 22. On entend aussi beaucoup mieux quand on applique un téléphone contre chaque oreille. On tient alors les deux téléphones comme on le voit fig. 23. Afin d'éviter la fatigue des bras, on a disposé un modèle qui les tient suspendus devant les oreilles au moyen d'une sangle à ressort qui entoure la tête.

Fig. 22.

Il y a du reste des différences considérables dans le pouvoir de transmission téléphonique des différentes voix. Suivant M. Preece, crier ne sert à rien: il faut pour obtenir de bons résultats, que l'intonation soit claire, que l'articulation soit distincte, et que les sons émis se rapprochent le plus possible des sons musicaux.

«J'ai entendu, dit-il, M. Willmot, l'un des électriciens de l'administration des postes, sur des circuits à travers lesquels aucunes autres voix n'auraient pu se faire entendre. Les sons des voyelles viennent toujours le mieux, et parmi les autres lettres, e, g, j, k, q sont toujours les plus mal répétées. L'oreille aussi demande à être exercée, et les facultés auditives varient d'une manière surprenante suivant les personnes. Le chant est toujours entendu avec une grande netteté ainsi que les sons des instruments à vent et surtout ceux du cornet à piston qui, de Londres, pourraient être entendus par des milliers de personnes à la fois à travers le large Corn Exchange de Basingstoke.»

Fig. 23.

Suivant M. Rollo Russel, le circuit d'un

téléphone n'aurait pas besoin d'isolation sur une longueur relativement petite; ainsi avec un circuit de 418 mètres on a pu employer un fil de cuivre nu déposé sur un gazon sans que les transmissions téléphoniques résultant d'une petite boîte à musique fussent annulées, mais à la condition que les deux fils ne fussent pas en contact. On a pu même obtenir des transmissions quand ce circuit était enterré dans de la terre mouillée sur une longueur de 30 mètres, ou immergé dans un puits sur une longueur de 40 mètres. La parole transmise dans ces conditions ne semblait même pas différente de ce qu'elle était quand le circuit était isolé.

Le téléphone peut se faire entendre simultanément à plusieurs auditeurs, soit en prenant sur les deux fils réunissant les deux téléphones en correspondance (près du téléphone récepteur) des dérivations aboutissant à différents téléphones, qui peuvent facilement être au nombre de 5 ou 6, sur les courts circuits, soit au moyen d'une petite caisse sonore fermée par deux membranes légères dont l'une est fixée sur la lame vibrante. En faisant aboutir à cette caisse un certain nombre de tubes acoustiques, plusieurs personnes pourraient, suivant M. Mc. Kendrick, entendre très-distinctement.

On peut obtenir encore des auditions simultanées du téléphone en les interposant dans un même circuit, et les expériences faites à New-York ont montré qu'on pouvait ainsi en faire parler cinq échelonnés en différents points d'une ligne télégraphique. Dans des essais téléphoniques faits sur les lignes des écluses du département de l'Yonne, on a constaté que sur un fil de 12 kilomètres où l'on avait placé à des distances différentes plusieurs téléphones, trois ou quatre personnes ont pu causer entres elles à travers ces téléphones, chacune entendant ce que disaient les autres. Les réponses et les demandes tout en se croisant restaient perceptibles. On a pu même, en plaçant un téléphone sur un second fil de dix kilomètres éloigné du premier de cinquante centimètres, et le suivant sur une longueur de deux kilomètres seulement, saisir la conversation échangée sur l'autre fil. On pouvait même distinguer très-bien les timbres des voix des deux interlocuteurs.

Depuis l'apparition du téléphone en Europe, beaucoup d'inventeurs prétendent être parvenus à faire parler un téléphone de manière qu'il soit entendu des différents points d'une vaste salle. Nous avons vu que M. Bell avait déjà obtenu ce résultat, et sous ce rapport nous ne voyons pas que ceux qui ont perfectionné le téléphone soient arrivés à des résultats beaucoup plus importants. Mais ce qui est certain, c'est qu'un téléphone ordinaire peut parfaitement émettre des sons musicaux susceptibles d'être entendus dans une pièce assez grande et tout en étant attaché à la muraille. On doit se rappeler les résultats obtenus par MM. Pollard et Garnier lors des essais qu'ils firent à Cherbourg pour relier la digue à la préfecture maritime de cette ville.

La digue de Cherbourg est, comme on le sait, une sorte d'île factice créée de main d'homme devant cette ville pour constituer une rade. Les forts établis sur cette digue sont reliés par des câbles sous-marins au port militaire et à la préfecture maritime. Un jour qu'après des expériences faites dans le cabinet du préfet sur l'un de ces câbles, au moyen de téléphones, plusieurs des personnes présentes causaient ensemble dans la pièce, elles furent très-étonnées d'entendre le clairon sonner la retraite, et les sons semblaient venir de l'un des points de la pièce. On cherche, et l'on reconnaît bientôt que c'est le téléphone pendu à la muraille qui se livrait à cet exercice. On s'informe et l'on apprend que c'était un des expérimentateurs de la station de la digue qui avait fait la plaisanterie de sonner du clairon devant le téléphone de cette station. Or la digue est éloignée de Cherbourg de plus d'une lieue, et la préfecture maritime est au milieu de la ville. Les téléphones étaient pourtant construits grossièrement dans les ateliers du port de Cherbourg, ce qui prouve une fois de plus combien ces appareils exigent peu de précision pour fonctionner.

Les téléphones du modèle de Bell les plus variés dans leurs dispositions se trouvent chez M. C. Roosevelt, représentant de M. Bell à Paris, 1, rue de la Bourse. Ils sont généralement construits par M. Bréguet, et les modèles les plus recherchés sont, indépendamment de celui que nous avons décrit, le grand modèle carré dont l'aimant est en fer à cheval et qui est renfermé dans une boîte plate, portant sur sa face antérieure un cornet qui sert en même temps d'embouchure. Nous représentons (fig. 24), ce système, qui a du reste été construit tout récemment à Boston dans de meilleures conditions. Dans ce nouveau modèle, établi par M. Gower, l'aimant est composé de plusieurs lames terminées par un noyau magnétique en fer sur lequel est fixée la bobine, et le tout est recouvert d'une épaisse couche de paraffine. Les sons reproduits sont alors beaucoup plus nets et plus forts. Il y a aussi un modèle en forme de tabatière dans lequel l'aimant est contourné en spirale afin de conserver sa longueur sous une forme ronde. Le pôle qui occupe la partie centrale de cette spirale est alors muni d'un noyau de fer sur lequel est fixée la bobine d'induction, et le couvercle de la tabatière porte la lame vibrante ainsi que l'embouchure; nous représentons ce modèle fig. 25. Dans un autre modèle, dit *téléphone miroir*, le dispositif précédent est adapté sur un manche comme la glace d'un miroir portatif, et l'embouchure se présentant sur l'une des faces latérales, on parle avec cet instrument comme si l'on parlait devant un écran de cheminée.

Fig. 24.

On trouve d'un autre côté chez M. Bailey les divers modèles de téléphones à pile et à charbon d'Edison dont nous parlerons bientôt et qui ont donné les meilleurs résultats sur les longues lignes, ainsi que les téléphones de MM. Gray et Phelps.
[Table des Matières]

DISPOSITIONS DIFFÉRENTES DES TÉLÉPHONES.

Les résultats si prodigieux obtenus avec le téléphone Bell et dont l'authenticité avait été mise en doute par la plupart des savants, devaient naturellement, étant une fois démontrés, provoquer une foule de recherches de la part des inventeurs et même de ceux qui avaient été dans l'origine les plus incrédules. Il en est résulté une foule de perfectionnements et de modifications qui ont évidemment leur intérêt, et dont nous allons maintenant nous occuper.[Table des Matières]

Fig. 25.

TÉLÉPHONES À PILE.

Téléphone de M. Edison.—L'un des premiers et des plus intéressants perfectionnements apportés au téléphone de Bell, est celui qui a été combiné dans la première moitié de l'année 1876 par M. Edison. Ce système est, à la vérité, plus compliqué que celui que nous avons étudié précédemment, car il met à contribution une pile, et l'appareil transmetteur est différent de l'appareil récepteur; mais il est moins susceptible d'être influencé par les causes extérieures et permet des transmissions à plus grande distance.

Le téléphone de M. Edison, comme celui de M. Gray, dont nous avons déjà eu occasion de parler, est fondé sur l'action de courants ondulatoires déterminés par des variations de résistance d'un médiocre conducteur interposé dans le circuit, et sur lequel réagissent les vibrations d'un diaphragme devant lequel on parle. Seulement, au lieu d'employer un conducteur liquide qui ne peut jamais être utilisé pratiquement, M. Edison a cherché à mettre à contribution les corps solides semi-conducteurs. Ceux qui lui offrirent le plus d'avantages, à ce point de vue, furent le graphite et le charbon, surtout le charbon résultant du noir de fumée comprimé. Ces substances, en effet, étant introduites dans un circuit entre deux lames conductrices dont l'une est mobile, sont susceptibles de modifier la résistance de ce circuit dans le même rapport à peu près que la pression qui est exercée sur elles par la lame mobile[12], et l'on conçoit que pour obtenir avec ce système les courants ondulatoires nécessaires à la reproduction des sons articulés, il suffisait d'introduire un disque de plombagine ou de noir de fumée entre la lame vibrante d'un téléphone et une lame de platine mise en rapport avec la pile. La lame du téléphone étant mise en communication avec le fil du circuit, il devait résulter des vibrations de cette lame devant le disque de charbon, une série de pressions croissantes et décroissantes, donnant lieu à des effets correspondants dans l'intensité du courant transmis, et ces effets devaient réagir d'une manière analogue aux courants ondulatoires déterminés par l'induction dans le système de Bell. Toutefois, pour obtenir de très-bons résultats, plusieurs dispositions accessoires étaient nécessaires, et nous représentons (fig. 26) l'une des dispositions qui ont été données à cette partie du système téléphonique de M. Edison.

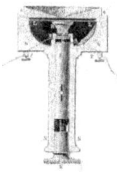

Fig. 26.

Dans cette figure, l'appareil est vu en coupe, et il se rapproche beaucoup, quant à la forme, du téléphone de Bell. L L est la lame vibrante, O O, l'embouchure, M le trou de cette embouchure, N N N la cage de l'appareil qui est construite ainsi que l'embouchure en ébonite et qui présente au-dessous de la lame une cavité assez spacieuse et un trou tubulaire qui est creusé dans le manche. À sa partie supérieure, ce tube est continué par un rebord cylindrique muni d'un pas de vis sur lequel est vissée une petite bague présentant une saillie intérieurement, et c'est à l'intérieur de ce tube que se trouve disposé le système rhéostatique. Celui-ci se compose d'abord d'un piston E, adapté à l'extrémité d'une longue vis E F, dont le bouton F en tournant permet de faire avancer ou reculer le piston d'une certaine quantité. Au-dessus de ce piston, se trouve adaptée une lame de platine très mince A reliée par une lamelle flexible et un fil à un bouton d'attache P'. Une autre lame B, exactement semblable, est reliée avec le bouton d'attache P, et c'est entre ces deux lames qu'est placé le disque de charbon C. Ce disque est constitué avec du noir de fumée de pétrole comprimé, et sa résistance est d'un *ohm* ou de 100 mètres de fil télégraphique. Enfin un disque d'ébonite est appliqué sur la lame de platine supérieure B, et un tampon élastique composé d'un morceau de tube de caoutchouc G et d'un disque de liège H, est interposé entre la lame vibrante L L et le disque B, afin que les vibrations de cette lame ne soient pas arrêtées par l'obstacle rigide constitué par l'ensemble du système rhéostatique. Quand ces différentes pièces sont en place, on règle l'appareil au moyen de la vis F, et ce réglage est facile puisqu'il suffit de la serrer ou de la desserrer jusqu'à ce que le téléphone récepteur donne son maximum de son.

 Fig. 27.

Dans un nouveau modèle représenté (fig. 27), et qui a fourni les meilleurs résultats pour la netteté des transmissions, la lame vibrante L L est maintenue et appuyée contre les disques du conducteur secondaire en charbon C, par l'intermédiaire d'un petit cylindre de fer A au lieu d'un tampon en caoutchouc, et la pression est réglée par une vis placée au-dessous de *e*. L'embouchure E de l'appareil est plus saillante, et le trou plus large. Enfin il n'y a plus de manche à l'appareil dont l'enveloppe est en fonte nickelée. Le disque rigide *b* qui appuie sur la première lame de platine *p* est, d'un autre côté, en *aluminium* au lieu d'être en ébonite.

Fig. 28.

Le téléphone récepteur ressemble assez à celui de M. Bell. Il présente néanmoins quelques différences que l'on peut reconnaître par l'inspection de la fig. 28. Ainsi l'aimant N S est recourbé en fer à cheval, et la bobine magnétisante E recouvre seulement un des pôles N; ce pôle occupe précisément le centre de la lame vibrante L L, tandis que le second pôle est près du bord de cette lame. Les dimensions elles-mêmes de la lame sont considérablement réduites; sa surface est à peu près celle d'une pièce de cinq francs, et elle est enclavée dans une espèce de rainure circulaire qui la maintient dans une position parfaitement déterminée. En raison de cette disposition, le manche de l'instrument est en bois plein, et l'espace vide où se trouve le système électro-magnétique est un peu plus développé que dans le modèle de Bell; mais l'on s'est arrangé de manière à éviter les échos et à en faire une sorte de caisse sonore apte à amplifier les sons. La disposition du système électro-magnétique par rapport à la lame vibrante doit évidemment augmenter aussi la sensibilité de l'appareil, car le pôle S étant en contact intime avec la lame L L, celle-ci se trouve polarisée et peut recevoir beaucoup plus énergiquement les influences magnétiques du second pôle N, qui en est distant de l'épaisseur d'une forte feuille de papier. Dans les deux appareils de M. Edison (récepteur et transmetteur) la partie supérieure CC correspondante à la lame vibrante, au lieu d'être fixée par des vis sur la partie attenante au manche, est vissée sur cette partie elle-même, ce qui permet de démonter beaucoup plus facilement l'instrument.

M. Edison a, du reste, beaucoup varié la forme de ses appareils, et aujourd'hui leur enveloppe est en métal avec une embouchure d'ébonite en forme d'entonnoir.

Ayant constaté, comme du reste l'avait fait avant lui M. Elisha Gray, que les courants induits sont plus favorables aux transmissions téléphoniques que les courants voltaïques, M. Edison transforma les courants de pile passant par son transmetteur en courants induits, et cela en leur faisant traverser le circuit primaire d'une bobine d'induction bien isolée; le fil de ligne était alors mis en communication avec le fil secondaire de la bobine. Nous rapporterons plus tard des expériences qui montreront les avantages de cette combinaison; pour le moment, nous ne faisons que la signaler, car elle fait aujourd'hui partie intégrante de presque tous les systèmes de téléphones à pile.

Téléphone musical d'Edison.—Les effets curieux et réellement très-avantageux que M.

Edison avait obtenus avec son *électro-motographe*, lui donnèrent l'idée, dès le commencement de l'année 1877, d'appliquer le principe de cet appareil au téléphone pour la reproduction des sons transmis, et il a obtenu des résultats tellement intéressants que l'auteur d'un article sur les téléphones, publié dans le *Telegraphic Journal* du 15 août 1877, présente cette invention comme l'une des plus belles du dix-neuvième siècle. Ce qui est certain, c'est qu'elle semble avoir donné naissance au phonographe qui, dans ces derniers temps, a fait tant de bruit et a tant étonné les savants.

Pour qu'on puisse comprendre le principe de ce téléphone, nous devrons entrer dans quelques détails sur l'électro-motographe de M. Edison, découvert en 1872. Cet appareil est fondé sur ce principe: que si une feuille de papier, préparée avec une solution d'hydrate de potasse, est appliquée sur une plaque métallique réunie au pôle positif d'une pile, et qu'une pointe de plomb ou de platine reliée au pôle négatif soit promenée sur le papier, le frottement que cette pointe rencontre cesse dès que le courant passe, et elle peut dès lors glisser comme sur une glace jusqu'à ce que le courant soit interrompu. Or, comme cette réaction peut être effectuée instantanément sous l'influence de courants excessivement faibles, les effets mécaniques produits par ces alternatives d'arrêt et de glissement, peuvent, pour une disposition convenable de l'appareil, déterminer des vibrations en rapport avec les interruptions de courant produites par le transmetteur.

Dans ce système, le récepteur téléphonique se

compose d'un résonnateur et d'un tambour monté sur un axe que fait tourner une manivelle. Une bande de papier en provision sur un rouleau, passe sur le tambour dont la surface est rugueuse, et sur cette bande appuie fortement une pointe émoussée de platine qui est adaptée à l'extrémité d'un ressort fixé au centre du résonnateur. Le courant de la pile dirigé d'abord sur le ressort, passe par la pointe de platine à travers le papier chimique, et retourne par le tambour à la pile. Quand on tourne la manivelle, le papier avance, et le frottement normal qui se produit entre le papier et la pointe de platine, pousse en avant cette dernière, en provoquant par l'intermédiaire du ressort une traction sur un des côtés du résonnateur; mais au moment de chaque passage du courant à travers le papier, tout frottement cessant, le ressort n'est plus entraîné, et le résonnateur revient à sa position normale. Or, comme à chaque vibration effectuée au transmetteur ce double effet se manifeste, il en résulte une série de vibrations du résonnateur qui sont la répétition de celles du transmetteur et, par conséquent, la reproduction plus ou moins réduite des sons musicaux qui ont affecté le transmetteur. Suivant les journaux américains, cet appareil aurait fourni des résultats surprenants; les courants les plus faibles, qui n'exerceraient aucune action sur un électro-aimant, produisent de cette manière des effets complets. L'appareil peut même reproduire, avec une grande intensité, les notes les plus élevées de la voix humaine, notes que l'on peut à peine distinguer lorsque l'on emploie des électro-aimants.

Le transmetteur est à peu près le même que

celui que nous avons décrit précédemment; seulement, au lieu du disque de charbon, c'est une pointe de platine qui est employée, et elle ne doit pas être en contact continuel avec la lame vibrante. Voici du reste comment il est décrit dans le *Telegraphic Journal*: «Il consiste simplement dans un long tube de deux pouces de diamètre, ayant un de ses bouts recouvert d'un diaphragme constitué par une mince feuille de cuivre et maintenu serré au moyen d'une bague élastique. Au centre du diaphragme de cuivre se trouve rivé un petit disque de platine, et devant ce disque, est ajustée une pointe du même métal adaptée à un support fixe. Quand on chante devant le diaphragme, celui-ci en vibrant rencontre la pointe de platine et lui fait produire le nombre de fermetures de courant en rapport avec les vibrations des notes chantées.»

D'après de nouvelles expériences faites en Amérique pour juger du mérite des différents systèmes de téléphones, ce serait celui de M. Edison qui aurait fourni les meilleurs résultats. Voici ce que nous lisons, en effet, dans le *Telegraphic Journal* du 1er mai 1878 (p. 187): «Le 2 avril dernier, on expérimenta le téléphone à charbon de M. Edison entre New-York et Philadelphie, sur une des lignes si nombreuses de la compagnie de l'*Ouest Union*. La ligne avait une longueur de cent six milles, et dans presque tout son parcours elle longeait les autres fils. Or les effets d'induction déterminés par les transmissions télégraphiques à travers les fils voisins, et qui étaient suffisants pour empêcher l'audition de la parole dans tous les téléphones essayés, furent sans influence quand on employa le téléphone d'Edison avec deux éléments de pile et une petite bobine d'induction, et MM. Batchelor, Phelps et Edison purent échanger facilement une conversation. Le téléphone magnétique de M. Phelps regardé comme le plus puissant de son espèce, donna même de moins bons résultats.»

Dans des expériences faites entre le palais de l'Exposition de Paris et Versailles, la commission du jury a pu constater les mêmes résultats avantageux.

Téléphones du colonel Navez.—Le colonel d'artillerie belge Navez, l'auteur du chronographe balistique bien connu, a cherché à perfectionner le téléphone d'Edison en employant plusieurs disques de charbon au lieu d'un seul. Suivant lui, les variations de résistance électrique produites par les disques de charbon, sous l'influence de pressions inégales, dépendent surtout de leur surface de contact, et il croit en conséquence que plus ces surfaces sont multipliées, plus les différences en question sont considérables, comme cela a lieu quand on polarise la lumière avec une pile de glaces. Les meilleurs résultats ont été obtenus par lui avec une pile de douze rondelles de charbon. «Ces rondelles, dit-il, agissent bien par leurs surfaces de contact, car il suffit de les séparer par des rondelles d'étain interposées, pour détruire toute articulation de la parole reproduite[13].»

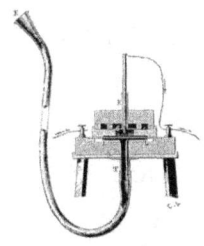

Fig. 29.

Pour éteindre les vibrations musicales nuisibles qui accompagnent les transmissions téléphoniques, M. Navez emploie, comme lame vibrante du transmetteur, une lame de cuivre recouverte d'argent, et pour lame vibrante du récepteur, une lame de fer doublée d'une plaque de laiton, le tout soudé ensemble. Il emploie d'ailleurs des tubes de caoutchouc munis d'embouchures et de conduits auriculaires, pour la transmission et la réception des sons, et les appareils sont disposés à plat, sur une table. À cet effet, le barreau aimanté du téléphone récepteur est alors remplacé par deux aimants horizontaux agissant par un pôle de même nom sur un petit noyau de fer qui porte la bobine et qui se trouve placé verticalement entre les deux aimants. Il emploie naturellement une petite bobine de Ruhmkorff, pour transformer l'électricité de la pile en électricité d'induction.

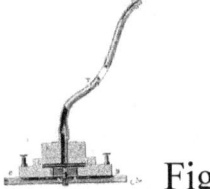

Fig. 30.

Les figures 29 et 30 représentent les deux parties de ce système téléphonique. La pile de charbon est en C, fig. 29; la lame vibrante en LL, et l'embouchure E, adaptée à un tube en caoutchouc TE, correspond par le dessous à la lame vibrante. La pile de charbons est réunie métalliquement au circuit par une tige de platine EC, et la lame vibrante communique également au circuit par l'intermédiaire d'un bouton d'attache. Dans le téléphone récepteur, fig. 30, la partie supérieure est disposée à peu près comme dans les téléphones ordinaires; seulement, au lieu d'une embouchure, on a adapté à l'appareil un conduit auriculaire TO. Les deux aimants qui communiquent une polarité uniforme au noyau de fer N portant la bobine d'induction B, sont en A, A' et ont la forme de fers à cheval; on en voit un en coupe en D du côté droit, et l'autre ne montre en C que la courbe du fer à cheval. Les deux boutons d'attache de ce récepteur correspondent aux deux extrémités du fil induit de la bobine d'induction supplémentaire, et les deux boutons d'attache du transmetteur correspondent aux deux bouts du fil primaire de cette bobine et à la pile qui est interposée dans le circuit près de cet appareil.

Téléphones de MM. Pollard et Garnier.— Le téléphone à pile construit par MM. Pollard et Garnier est différent de ceux qui précèdent, en ce qu'il met simplement à contribution deux pointes de mine de plomb portées par des porte-crayons métalliques, et que ces pointes sont appliquées directement contre la lame vibrante avec une pression qui doit être réglée. La fig. 31 représente la disposition qu'ils ont adoptée, et qui du reste peut être variée d'une infinité de manières.

LL est la lame vibrante en fer-blanc au-dessus de laquelle se trouve l'embouchure E, et P, P' sont les deux pointes de graphite munies de leur porte-crayons. Ces porte-crayons portent à leur partie inférieure un pas de vis qui, étant engagé dans un trou fileté pratiqué dans une plaque métallique CC, permet de serrer plus ou moins les crayons contre la lame LL. Cette plaque métallique CC est composée de deux parties juxtaposées qui, étant isolées l'une de l'autre, peuvent être mises en rapport avec un commutateur cylindrique au moyen duquel on peut disposer le circuit de diverses manières. Ce commutateur étant pourvu de cinq lames, permet de passer presque instantanément d'une combinaison à l'autre, et ces combinaisons sont les suivantes:

1° Le courant entre par le crayon P, passe dans la plaque et de là dans la ligne;

 Fig. 31.

2° Le courant arrive par le crayon P', passe dans la plaque et de là dans la ligne;

3° Le courant arrive à la fois par les crayons P et P', se rend dans la plaque et de là à la ligne;

4° Le courant arrive par le crayon P, va de là à la plaque, puis dans le crayon P', et de là à la ligne.

On a donc de cette manière deux éléments de combinaison que l'on peut utiliser séparément ou en les associant en tension ou en quantité.

Lorsque les crayons sont bien réglés et donnent une transmission bien régulière et de même intensité, on peut étudier facilement les effets produits quand on passe de l'une des combinaisons à l'autre, et l'on constate: 1° que pour un circuit court, il n'y a pas de changement appréciable, quelle que soit la combinaison employée; 2° que quand le circuit est long ou présente une grande résistance, c'est la combinaison en tension qui a l'avantage, et cela d'autant plus que la ligne est plus longue.

Ce système téléphonique, comme du reste les deux précédents, met à contribution une machine d'induction pour transformer les courants voltaïques en courants induits; nous parlerons plus tard de cet accessoire important de ces sortes d'appareils.

Quant au téléphone récepteur, la disposition adoptée par MM. Pollard et Garnier est à peu près celle de Bell. Seulement ils emploient des lames de fer-blanc et des hélices beaucoup plus résistantes. Cette résistance est, en effet, de cent cinquante à deux cents kilomètres. «Nous avons toujours reconnu, disent ces messieurs, que quelle que soit la résistance du circuit extérieur, on a avantage à augmenter le nombre des tours de spires, même en faisant usage du fil n° 42, qui est celui que nous avons employé de préférence.»

Téléphone à réaction de M. Hellesen.—M. Hellesen pensant que les vibrations produites par la voix sur un transmetteur téléphonique à charbon, devaient se trouver amplifiées si la pièce mobile du rhéotome était soumise à une action électro-magnétique résultant de ces vibrations elles-mêmes, a combiné un transmetteur fondé sur ce principe que nous représentons fig. 32, et qui a l'avantage de constituer lui-même l'appareil d'induction destiné à transformer les courants voltaïques employés. Cet appareil se compose d'un tube de fer vertical appuyé sur une masse magnétique NS et entouré d'une bobine magnétisante BB au-dessus de laquelle est adaptée une hélice d'induction en fil fin II, mise en communication avec le circuit. À l'intérieur du tube, se trouve un crayon de plombagine C, disposé dans un porte-crayon qui peut être élevé ou abaissé au moyen d'une vis de rappel V adaptée au dessous de la masse magnétique. Enfin, au-dessus de ce crayon, est fixée une lame vibrante en fer LL, qui est munie à son centre d'un contact de platine communiquant à la pile; le circuit local est alors mis en rapport avec le crayon par l'intermédiaire de l'hélice magnétisante B, dont un bout est à cet effet soudé sur le tube de fer.

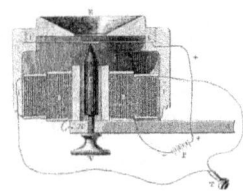

Fig. 32.

Il résulte de cette disposition que les vibrations de la lame LL, au moment de leur plus grande amplitude du côté du crayon, tendent à s'amplifier par suite de l'action attractive exercée sur la plaque, et la pression sur le graphite devenant plus forte, accroît les différences de résistance qui en résultent et, par suite, détermine des variations plus grandes dans l'intensité des courants transmis.

Téléphone à réaction de MM. Thomson et Houston.—La disposition téléphonique que nous venons de décrire a été reprise dernièrement par MM. Elihu Thomson et Edwin. J. Houston qui, dans l'*English mechanic and World of science* du 21 juin 1878, c'est-à-dire deux mois après que M. Hellesen m'a indiqué son système[14], ont publié un article sur un appareil à peu près semblable au précédent.

Dans cet appareil, en effet, le courant qui passe à travers le corps médiocrement conducteur, anime un électro-aimant muni d'une bobine d'induction, et cet électro-aimant réagit sur le diaphragme pour augmenter l'amplitude de ses vibrations et créer en même temps deux actions électriques agissant dans le même sens; seulement la disposition du contact du mauvais conducteur avec la lame vibrante est un peu différente. Au lieu d'un simple contact par pression effectué entre cette lame et un crayon de charbon, c'est un petit fragment de cette matière, taillé en pointe, qui est fixé sur la lame vibrante et qui plonge dans une gouttelette de mercure versée au fond d'une cavité pratiquée à l'extrémité supérieure du fer de l'électro-aimant. La disposition de l'appareil est d'ailleurs la même que celle d'un téléphone ordinaire, et c'est la tige de fer de l'électro-aimant qui représente le barreau aimanté du téléphone Bell. Suivant les auteurs, cet appareil peut être employé comme transmetteur et comme récepteur, et voici comment les effets se produisent dans les deux cas.

Quand l'appareil transmet, le fragment de charbon plonge plus ou moins dans le mercure, et par suite des différences qui se produisent dans les surfaces de contact suivant l'amplitude des vibrations de la lame, le courant subit des variations d'intensité en rapport avec ces amplitudes, et de ces variations résultent, dans la bobine d'induction, des courants induits, qui réagissent sur le téléphone récepteur comme dans l'appareil Bell, et qui sont encore renforcés de ceux qui sont produits magnéto-électriquement par le mouvement du diaphragme devant la bobine d'induction et le fer de l'électro-aimant.

Quand l'appareil est employé comme récepteur, les effets ordinaires se manifestent, car le fer de l'électro-aimant étant aimanté par le courant, se trouve exactement dans les conditions des téléphones Bell ordinaires, et les courants induits lui arrivent de la même manière, seulement plus intenses. MM. Thomson et Houston prétendent que ce système a fourni des résultats excellents et que le son de la voix y est beaucoup moins altéré que dans les autres téléphones.

Téléphones à piles et à transmetteurs liquides.—On a vu que M. Gray, dès l'année 1876, avait imaginé un système téléphonique basé sur les variations de résistance qu'éprouve un circuit complété par un liquide, lorsque la couche liquide interposée entre les électrodes varie d'épaisseur sous l'influence des vibrations de la lame téléphonique mise en rapport avec l'une de ces électrodes. Ce système a été étudié depuis par plusieurs inventeurs, entre autres par MM. Richemond et Salet, et voici les quelques renseignements qui ont été publiés relativement à leurs recherches.

«Un autre téléphone reproduisant les sons articulés, et appelé par M. Richemond *électro-hydro-téléphone*, a été breveté récemment aux

États-Unis. Il est sous certains rapports semblable à celui de M. Edison, mais au lieu de mettre à contribution des disques de charbon pour modifier la résistance du circuit, c'est l'eau qui est employée, et cette eau est mise en rapport avec le circuit et la pile par l'intermédiaire de deux pointes de platine, dont une est fixée sur le diaphragme métallique qui vibre sous l'influence de la voix. Les vibrations de ce diaphragme en transportant la pointe qui lui est adhérente en des points différents de la couche liquide interpolaire, diminuent ou augmentent la résistance électrique de cette couche, et déterminent des variations correspondantes dans l'intensité du courant traversant le circuit. Le téléphone récepteur a d'ailleurs la disposition ordinaire.» (Voir le *Telegraphic Journal* du 15 sept. 1877, p. 222).

«Il m'a paru intéressant, dit M. Salet, de construire un téléphone dans lequel le mouvement de deux membranes soient absolument solidaires, et pour cela j'ai mis à profit la grande résistance des liquides. M. Bell avait déjà obtenu quelques résultats en attachant à la membrane vibrante un fil de platine communiquant avec une pile, et plongeant plus ou moins dans de l'eau acidulée contenue dans un vase métallique relié lui-même par la ligne au téléphone receveur. J'ai substitué au fil de platine un petit levier d'aluminium portant une lame de platine; à une très-faible distance de celle-ci s'en trouvait une seconde en relation avec la ligne. Les vibrations de la membrane, triplées ou quadruplées dans leur amplitude, ne sont pas altérées dans leurs formes, grâce à la petitesse et à la légèreté du levier; elles déterminent dans l'épaisseur de la couche liquide traversée par le courant, et par suite dans l'intensité de celui-ci, des variations, lesquelles en occasionnent de semblables dans la force attractive de l'électro-aimant récepteur. Sous son influence, la membrane recevante exécute des mouvements solidaires de ceux de la membrane expéditrice. Le son transmis est très-net et, résultat auquel on pouvait s'attendre, le timbre est parfaitement conservé. Les consonnes cependant n'ont pas tout le mordant de celles transmises par l'instrument de M. Bell. C'est un inconvénient qui apparaît surtout quand le levier est un peu lourd; on pourrait facilement le faire disparaître. L'électrolyse produit en outre un bruissement continu qui ne nuit guère à la netteté du son.

«Comme dans ce système on ne demande pas à la voix de *produire*, mais seulement de *diriger* le courant électrique engendré par une pile, on peut théoriquement augmenter à volonté l'intensité du son reçu. En réalité j'ai pu faire rendre au récepteur des sons très-forts, et il me semble que cet avantage compense largement la nécessité d'employer une pile et un appareil expéditeur assez délicat. Malheureusement la transmission ne peut se faire à des distances un peu considérables. Supposons qu'un certain déplacement de la membrane expéditrice détermine dans la résistance le même accroissement que cinq à six cents mètres de fil: si la ligne a cinq cents mètres, l'intensité du courant se trouvera réduite de moitié et la membrane recevante prendra une nouvelle position notablement différente de la première; mais si la ligne a cinq cents kilomètres, l'intensité du courant ne sera modifiée que de un millième. Il faudrait donc employer une pile énorme pour que cette variation se traduisît par un changement sensible dans la position de la membrane recevante.»

(Voir *Comptes rendus de l'Académie des sciences* du 18 février 1878, p. 471.)

M. J. Luvini, dans un article inséré dans *les Mondes*, du 7 mars 1878, a indiqué un système de rhéotome de courant pour les téléphones à pile qui, malgré sa complication, pourrait peut-être présenter quelques avantages, en ce sens qu'il fournirait des courants alternativement *renversés*. Dans ce système, la lame vibrante transmettrice qui doit être placée verticalement, réagit sur un fil mobile horizontal replié rectangulairement et portant sur chacune de ses branches deux pointes de platine plongeant dans deux godets remplis d'un liquide médiocrement conducteur; les deux branches de ce fil, isolées l'une de l'autre, sont mises en rapport avec les deux pôles de la pile, et les quatre godets dans lesquels plongent les fils de platine, communiquent d'une manière inverse à la ligne et à la terre par l'intermédiaire de fils de platine immobiles fixés dans les godets. Il résulte de cette disposition que, pour un réglage convenable des distances entre les fils fixes et mobiles, deux courants égaux se trouveront opposés à travers le circuit de la ligne quand le diaphragme sera immobile; mais aussitôt que celui-ci vibrera, les distances respectives des fils varieront, et il en résultera, un courant différentiel dont l'intensité sera en rapport avec l'étendue du déplacement du système ou l'amplitude de la vibration, et dont le sens variera pour les mouvements en dessus et en dessous de la ligne des nœuds de vibration. On aurait donc de cette manière les effets avantageux des courants induits.

Téléphones à pile et à arcs voltaïques.— Pour obtenir des variations de résistance encore plus sensibles qu'avec les liquides et les corps pulvérulents, on a eu l'idée d'avoir recours aux conducteurs gazeux échauffés, et on a combiné plusieurs dispositifs de téléphones à pile dans lesquels le circuit était complété par une couche d'air séparant la lame vibrante d'une pointe de platine servant d'excitateur à une décharge électrique de haute tension. Dans ces conditions, cette couche d'air devient conductrice, et l'intensité du courant qui la traverse est en rapport avec son épaisseur. Ce problème a été résolu soit au moyen de courants voltaïques d'une grande tension, soit au moyen d'une bobine de Ruhmkorff.

Le premier système a été combiné par M. Trouvé, et voici ce qu'il en dit dans le journal *la Nature* du 6 avril 1878. «Une membrane métallique vibrante constitue l'un des pôles d'une pile à haute tension; l'autre pôle est assujetti devant la plaque par une vis micrométrique qui permet de faire varier, suivant la tension de la pile, la distance à la plaque, sans pourtant jamais être en contact avec elle. Cette distance, toutefois, ne doit pas dépasser celle que pourrait franchir la décharge de la pile. Dans ces conditions, la membrane vibrant sous l'influence des ondes sonores a pour effet de modifier constamment la distance entre les deux pôles et de faire ainsi varier sans cesse l'intensité du courant; par conséquent l'appareil récepteur (téléphone Bell ou à électro-aimant) subit des variations magnétiques en rapport avec les variations du courant qui l'influence, ce qui a pour effet de faire vibrer synchroniquement la membrane réceptrice. C'est donc sur la possibilité de faire varier entre des limites très-étendues la résistance du circuit extérieur d'une pile ou batterie à haute tension dont les pôles ne sont pas en contact, que repose le nouvel appareil téléphonique. On pourra aussi, pour faire varier les conditions de cette résistance, faire intervenir une vapeur quelconque ou bien des milieux différents, tels que l'air ou les gaz plus ou moins raréfiés.»

M. Trouvé pense obtenir de bons résultats avec sa pile à rondelles humectées de sulfate de cuivre et de sulfate de zinc, en en disposant les éléments, au nombre de quatre ou cinq cents, dans des tubes de verre de petit diamètre. Pour obtenir des courants de tension, il n'est pas besoin, comme on le sait, que ces éléments soient de grandes dimensions.

M. de Lalagade a proposé un moyen analogue en employant, pour la formation de l'arc, un courant dont la tension est augmentée par l'interposition dans le circuit d'un fort électro-aimant. Cet électro-aimant réagit d'ailleurs sur un électro-aimant Hughes pour lui faire fournir des courants d'induction susceptibles de faire fonctionner le récepteur. Suivant M. de Lalagade, une pile de Bunsen ou à bichromate de potasse de 6 éléments, suffirait pour obtenir un arc voltaïque continu entre la lame vibrante d'un téléphone et une pointe de platine éloignée suffisamment pour ne donner lieu à aucun contact. Il faudrait cependant en déterminer un en commençant, pour provoquer la formation de cet arc. Dans le système de M. de Lalagade, la lame vibrante doit être munie à son centre d'une petite lame de platine pour éviter les effets d'oxydation de l'étincelle. Suivant l'auteur, les sons ainsi transmis et reproduits dans un téléphone dont le système électro-magnétique serait monté sur une caisse sonore, auraient une intensité plus grande qu'avec les téléphones ordinaires, et il semblerait qu'on vous parlerait dans l'oreille.

Téléphones à mercure.—Ces systèmes sont fondés sur ce phénomène physique découvert par M. Lippmann, que si une couche d'eau acidulée est superposée à du mercure et réunie au moyen d'une électrode et d'un fil avec celui-ci, de manière à constituer un circuit, toute action mécanique qui aura pour effet de presser sur la surface du mercure et de faire varier la forme de son ménisque, déterminera une réaction électrique capable de donner lieu à un courant dont la force sera en rapport avec l'action mécanique exercée. Par réciproque, toute action électrique qui sera produite sur le circuit d'un pareil système, donnera lieu à une déformation du ménisque et par suite à un mouvement de celui-ci, qui sera d'autant plus caractérisé que le tube où se trouve le mercure sera plus petit et l'action électrique plus grande. Cette action électrique pourra d'ailleurs résulter d'une différence de potentiel dans l'état électrique des deux extrémités du circuit mis en rapport avec la source électrique employée ou d'un générateur électrique quelconque[15].

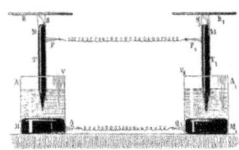 Fig. 33.

On comprend facilement, d'après ces effets, que si on plonge dans deux vases VV_1 (fig. 33), remplis d'eau acidulée et de mercure, deux tubes TT_1 à bout effilé contenant du mercure M, et qu'on réunisse entre elles, par des fils métalliques PP_1, QQ_1 d'abord, les deux colonnes de mercure remplissant les tubes et, en second lieu, les couches de mercure qui occuperont le fond des deux vases, on aura, si on a soin de placer les tubes à une certaine distance de la surface du mercure dans les vases, un circuit métallique complété par deux électrolytes, dont l'un pourra accuser les effets mécaniques ou électriques produits au sein de l'autre. Si donc on adapte au-dessus des tubes deux lames vibrantes B, B_1, et qu'on fasse vibrer l'une d'elles, l'autre devra reproduire ces vibrations sous l'influence des mouvements vibratoires communiqués par la colonne de mercure correspondante. Ces vibrations seront en rapport elles-mêmes avec les émissions électriques résultant des mouvements de la colonne de mercure du premier tube, et qui sont déterminés mécaniquement. Si un générateur électrique est introduit dans le circuit, l'effet que nous venons d'analyser s'effectuera sous l'influence des modifications dans le potentiel de ce générateur sous l'influence des effets électro-capillaires. Mais si on n'emploie aucun générateur, l'action résultera des courants électriques déterminés par l'action électro-capillaire elle-même. Dans ce dernier cas, cependant, l'appareil doit être construit d'une manière un peu plus délicate, pour obtenir des réactions électriques plus sensibles, et voici comment M. A. Bréguet décrit son appareil.

«L'appareil consiste dans un tube de verre fin, de quelques centimètres de longueur, contenant des gouttes alternées de mercure et d'eau acidulée, de façon à constituer autant d'éléments électro-capillaires associés en tension. Les deux extrémités du tube sont fermées à la lampe, mais laissent pourtant un fil de platine prendre contact de chaque côté sur la goutte de mercure la plus voisine. Une rondelle de sapin mince est fixée normalement au tube par son centre, et permet ainsi d'avoir une surface de quelque étendue à s'appliquer sur la coquille de l'oreille quand l'appareil est récepteur, et de fournir au tube une plus grande quantité de mouvement sous l'influence de la voix, quand l'appareil est transmetteur. Voici les avantages que présentent ces sortes d'appareils:

«1° Ils ne nécessitent l'usage d'aucune pile;

«2° L'influence perturbatrice de la résistance d'une longue ligne est presque nulle pour ces instruments alors qu'elle est encore appréciable avec le téléphone Bell;

«3° Deux appareils à mercure accouplés comme il a été dit plus haut, sont absolument corrélatifs, en ce sens que, même des positions *différentes* d'équilibre de la surface du mercure dans l'un d'eux, produisent des positions différentes d'équilibre dans l'appareil opposé. On peut donc reproduire à distance, sans pile, non-seulement des indications fidèles de mouvements pendulaires, comme le fait le téléphone de Bell, mais encore l'image exacte des mouvements les plus généraux.»

Nous croyons devoir faire toutefois nos réserves à l'égard de cette assertion: que la résistance du circuit serait sans influence sur ces téléphones. Nous ne le pensons pas et voici pourquoi.

Si j'ai bien compris l'idée de M. A. Bréguet, cette indépendance tiendrait à ce que les effets produits ne sont seulement fonction que des différences de potentiel déterminées dans les conditions d'équilibre électrique du système. Si l'on considère que les courants résultant de l'action électrique de l'eau acidulée sur le mercure, se trouvent annulés à travers le circuit par l'opposition des deux systèmes l'un à l'autre, on comprend aisément que les forces électro-motrices développées se trouvent maintenues sur les deux appareils à peu près dans les mêmes conditions que sur les pôles de deux éléments de pile réunis par leurs pôles de même nom, et pour qu'un courant se manifeste il suffit que la tension électrique de l'une des sources soit affaiblie ou augmentée; mais alors le courant différentiel qui en résulte et qui est seul à agir, est soumis à toutes les lois qui régissent la transmission des courants sur les circuits et, par conséquent, doit être aussi bien affecté par la résistance du circuit que tout autre courant.[Table des Matières]

MODIFICATIONS APPORTÉES À LA CONSTRUCTION DES TÉLÉPHONES BELL.

Les modifications que nous avons étudiées précédemment se rapportent au principe même de l'appareil; celles qui nous restent à étudier ne sont que des modifications dans la forme et la disposition des différents organes qui constituent le téléphone Bell lui-même, et qui ont été combinées en vue d'augmenter l'intensité et la netteté des sons produits.

Téléphones à diaphragmes multiples.—Si l'on considère que les courants induits déterminés dans un téléphone, résultent des mouvements vibratoires du diaphragme, et que ceux-ci sont provoqués par les vibrations de la couche d'air interposée entre ce diaphragme et l'organe vocal, on en déduit naturellement que si ces vibrations de la couche d'air réagissaient sur plusieurs diaphragmes accompagnés isolément de leur organe électro-magnétique, on pourrait déterminer simultanément plusieurs courants induits qui, étant associés convenablement, pourraient fournir des effets d'autant plus intenses sur le récepteur, que les sons qui seraient engendrés résulteraient de plusieurs sources sonores combinées. Plusieurs inventeurs, en partant de ce raisonnement, ont combiné des appareils plus ou moins ingénieux que nous allons maintenant passer en revue, sans pouvoir cependant indiquer celui qui le premier a réalisé cette idée. Elle est, en effet, tellement simple, qu'elle est venue vraisemblablement à l'esprit de plusieurs inventeurs au même moment, et nous voyons que tandis que M. Trouvé indiquait en France, au mois de novembre 1877, ce perfectionnement, on le mettait en essai en Amérique et on le discutait en Angleterre, et même on ne le regardait pas, dans ce dernier pays, comme appelé à donner des résultats favorables; voici, en effet, ce que dit M. Preece à cet égard, dans un mémoire publié par lui le 4 avril 1878, et intitulé: *On some physical points connected with the telephone.* «Tous ceux qui se sont occupés de perfectionner le téléphone n'ont éprouvé que des désappointements et des insuccès désespérants. Un des premiers essais de ce genre fut entrepris par M. Willmot qui pensait obtenir un bon résultat en augmentant le nombre des diaphragmes, des hélices et des aimants, en réunissant les hélices en séries et en les faisant agir simultanément afin d'augmenter l'énergie des courants développés sous l'influence de la voix; mais l'expérience montra que quand l'appareil agissait directement, l'effet vibratoire de chacun des diaphragmes décroissait proportionnellement à leur nombre, et l'effet général restait le même qu'avec un seul diaphragme. L'instrument de M. Willmot a été construit au commencement d'octobre 1877, et celui de M. Trouvé n'en est qu'une dérivation.»

D'un autre côté, nous voyons que si, en Angleterre, les téléphones à membranes multiples n'ont pas produit de bons résultats, il n'en a pas été de même en Amérique, car les téléphones aujourd'hui les plus en usage dans ce pays sont précisément ceux de MM. Elisha Gray et Phelps, qui sont à plusieurs diaphragmes. Il y a évidemment dans la disposition de ces appareils des détails de construction qui peuvent paraître insignifiants, théoriquement, et qui ont pourtant une grande importance au point de vue pratique, et nous croyons que c'est surtout à cette circonstance que les appareils de ce genre doivent leur réussite ou leur non réussite. Ainsi, par exemple, il paraît que les vibrations de l'air, déterminées dans l'embouchure, doivent être dirigées sur les diaphragmes normalement à leur surface et par l'intermédiaire de canaux distincts; il faut que les espaces vides autour des diaphragmes, soient assez étroits afin d'éviter les échos et les interférences, à moins que la caisse ne soit assez grande pour que ces effets ne soient pas à craindre. Il faut surtout que les matières employées pour la fixation des organes ne soient pas susceptibles de jouer, et c'est pour cela qu'on emploie de préférence le fer ou l'ébonite. Ce qui paraît certain, c'est que quand l'appareil est bien construit, il donne des effets supérieurs aux téléphones Bell, et, s'il faut croire le *Telegraphic Journal*, un appareil de ce genre expérimenté devant la Société royale de Londres le 1er mai 1878, aurait déterminé des effets d'une intensité proportionnelle au nombre des diaphragmes. Cet appareil avait été combiné par M. Cox Walker de New-York, et possédait huit diaphragmes. C'est d'après lui, la disposition qui donne les meilleurs résultats.

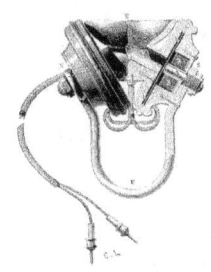

Fig. 34.

Système de M. Elisha Gray.—Le dernier système de M. Elisha Gray, que nous représentons fig. 34, est un de ceux qui ont donné les meilleurs effets. Il est constitué, comme on le voit, par deux téléphones juxtaposés auxquels correspondent deux tuyaux V, issus d'une embouchure commune E. L'un de ces téléphones est vu en coupe sur la figure, l'autre en élévation, et ils correspondent aux deux branches d'un aimant en fer à cheval nickelisé NUS, qui peut servir d'anneau pour le suspendre. Dans le côté de la figure qui montre la coupe, on peut voir en B la bobine d'induction et en A le noyau magnétique qui est en fer doux et vissé sur l'extrémité polaire S de l'aimant; la lame vibrante est en LL, et, comme on le voit, le tuyau de l'embouchure y aboutit normalement à sa surface.

Dans un autre modèle, il existe quatre téléphones juxtaposés au lieu de deux, et il donne des effets encore plus marqués.

Système de M. Phelps.—Ce système n'est qu'une dérivation du précédent, mais il y a deux modèles; dans le grand, qui permet d'entendre comme si la personne avec laquelle vous entrez en correspondance parlait à haute voix et de très-près, les deux téléphones sont placés parallèlement l'un devant l'autre et de manière à présenter verticalement leur diaphragme. L'intervalle compris entre ces deux lames est occupé par un tuyau vertical terminé inférieurement par un tuyau horizontal correspondant aux centres des deux diaphragmes, et c'est sur ce tuyau qu'est adaptée l'embouchure qui ressort extérieurement de la boîte carrée où est renfermé l'appareil. Les bobines d'induction et les noyaux magnétiques qui les traversent sont placés suivant l'axe du système, et semblent constituer une sorte d'axe de roue qui se trouve polarisé par les pôles d'un aimant en fer à cheval dont on peut régler la position par rapport à la surface des diaphragmes au moyen d'écrous mobiles. On dirait en voyant l'appareil, une sorte de tore de gyroscope soutenu par un axe horizontal sur deux piliers issus d'un aimant en fer à cheval aplati.

Au-dessus de ce système, se trouve l'appareil magnéto-électrique de la sonnerie d'appel, qui n'a d'ailleurs rien de particulier et qui se rapproche des avertisseurs allemands dont nous parlerons à la fin de cette notice. Cet appareil est remarquable par la force et la netteté de ses sons et surtout par l'absence de cette voix de polichinelle si désagréable dans les autres téléphones.

Le petit modèle de M. Phelps a la forme d'une tabatière oblongue ou en ellipse dont les deux centres sont occupés par deux systèmes téléphoniques actionnés par un même aimant. Celui-ci est placé horizontalement au-dessous de la tabatière, et ses pôles correspondent aux noyaux magnétiques des bobines. Ces noyaux sont constitués par des tubes de fer fendus longitudinalement pour faire disparaître les réactions d'induction insolites, et les diaphragmes de fer sont appuyés sur cinq ressorts à boudin qui tendent à les soulever au-dessus du système magnétique. Du côté opposé, ces diaphragmes sont munis de bagues en matière demi-élastique, qui empêchent les vibrations centrales des lames de se compliquer de celles des bords. Sur ces lames est ensuite appliqué le couvercle qui est creusé de cavités très-évasées et peu profondes, avec couloirs de communication qui constituent la caisse sonore. L'embouchure correspond à l'une des cavités, et l'autre est fermée par un petit bouchon métallique que l'on retire pour régler l'appareil quand besoin en est. Les vibrations de l'air se trouvant transmises par les couloirs aux deux cavités, les deux téléphones fonctionnent simultanément quoique, à première vue, un seul des téléphones semble être appelé à produire l'effet.

Suivant M. Pope, la perfection de cet appareil tient à la simultanéité des effets produits sur les deux appareils, à la petite bague semi-élastique qui circonscrit les contours de chaque lame vibrante et qui joue le rôle du marteau de l'oreille, c'est-à-dire celui d'étouffoir, aux fentes longitudinales du noyau tubulaire magnétique et à la petitesse des cavités laissées au-dessus des lames vibrantes. L'appareil est d'ailleurs en ébonite et strié sur sa surface pour lui donner plus de fixité dans la main.

Système de M. Cox Walker.—Ce système, dont nous avons dit précédemment quelques mots, a exactement la disposition de celui de M. Elisha Gray. Les aimants qui agissent sur les diaphragmes sont en fer à cheval, et des conduits séparés, issus d'une embouchure commune, dirigent les vibrations de l'air sur les diaphragmes. Ceux-ci, par exemple, ne sont que des parties circonscrites d'un même diaphragme, limitées circulairement par des embouchures correspondantes aux conduits d'air, et qui sont assez comprimées sur leurs bords pour limiter le champ de la vibration.

Système de M. Trouvé.—M. Trouvé a rendu très-simple la disposition des téléphones à double diaphragme en combinant son appareil de manière à faire réagir sur plusieurs lames l'aimant droit de Bell par ses deux pôles à la fois. À cet effet, il emploie un aimant tubulaire et enroule l'hélice sur toute sa longueur, comme on le voit fig. 35. Cet aimant est maintenu dans une position fixe au centre d'une petite boîte cylindrique dont les bases sont taillées de manière à former légèrement entonnoir, et ce sont elles qui servent d'embouchure et de cornet acoustique. Elles sont en conséquence percées d'un trou central plus large en a, du côté où l'on parle, que du côté opposé b. Entre ces bases et les pôles de l'aimant sont disposées deux lames vibrantes en fer M, M' dont l'une, M, est percée d'un trou a, de même diamètre que la partie creuse de l'aimant et plus petit par conséquent que celui de l'embouchure. Enfin entre ces deux lames se trouve échelonnée une série d'autres lames n, n, n disposées parallèlement de manière à laisser passer, au travers, l'aimant et son hélice.

Fig. 35.

Quand on parle devant l'embouchure *a*, les ondes sonores, en rencontrant les bords de la lame M, la mettent en vibration, et continuant leur route dans l'intérieur du tube aimant, viennent faire vibrer la lame pleine M' qui vibre alors synchroniquement avec la lame M. Il en résulte sur l'aimant tubulaire une double action inductrice qui se traduit par des courants induits développés dans l'hélice, et qui sont d'autant plus énergiques, que chacune des lames renforce les effets magnétiques produits au pôle opposé à celui qu'elles actionnent, comme cela a toujours lieu avec les aimants droits dont le pôle inactif est garni d'une armature. Cet avantage peut même être constaté avec les téléphones ordinaires quand on met seulement en contact la vis qui tient l'aimant avec une masse de fer doux.

Avec la disposition de M. Trouvé, les courants induits déterminés sont donc plus énergiques; mais suivant l'auteur, les sons reproduits seraient aussi plus forts par la multiplicité des effets vibratoires et par l'amplification des effets magnétiques résultant de la disposition plus avantageuse des pièces magnétiques.

«L'oreille placée en *a*, dit M. Trouvé, perçoit directement les sons produits par la première lame M, et ceux de la seconde lui arrivent par l'intérieur du tube aimant. Cette nouvelle disposition est des plus heureuses pour comparer expérimentalement les résultats fournis par un téléphone à membrane unique (téléphone Bell), et ceux fournis par un téléphone à membranes multiples. En effet, il suffit d'écouter alternativement aux deux faces de ce téléphone, pour s'apercevoir immédiatement de la différence d'intensité des sons perçus. Ceux recueillis en *a*, du côté de la membrane percée, paraissent sensiblement doubles en intensité de ceux recueillis en *b* du côté de la membrane pleine qui constitue le téléphone ordinaire.

«La différence est encore plus frappante si, en transmettant ou recevant un son invariable d'intensité à travers un téléphone multiple, on empêche à plusieurs reprises la membrane pleine M' de vibrer.»

Avant cette disposition, M. Trouvé en avait imaginé une autre qu'il présenta à l'Académie des sciences, le 26 novembre 1877 et qui est celle à laquelle nous avons fait allusion au commencement de ce chapitre. Il la décrit en ces termes:

«Pour augmenter l'intensité des effets produits dans le téléphone Bell, j'ai substitué à la membrane unique de ce téléphone, une chambre cubique dont chaque face, à l'exception d'une, est constituée par une membrane vibrante. Chacune de ces membranes, mise en vibration par le même son, influence un aimant fixe également muni d'un circuit électrique. De cette sorte, en associant tous les courants engendrés par ces aimants, on obtient une intensité unique qui croît proportionnellement au nombre des aimants influencés. On peut remplacer le cube par un polyèdre dont les faces seraient formées d'un nombre indéfini de membranes vibrantes afin d'obtenir l'intensité voulue.»

Système de M. Demoget.—Plusieurs autres systèmes de téléphones à membranes multiples ont encore été proposés:

L'un d'eux, imaginé par M. Demoget, consiste à placer en avant et à un millimètre de la plaque vibrante du téléphone ordinaire de Bell, une ou deux plaques vibrantes semblables, en ayant soin de percer dans la première et au centre, un orifice circulaire d'un diamètre égal à celui du barreau aimanté, et dans la seconde un orifice d'un diamètre plus grand.

Suivant l'auteur, on augmente ainsi non-seulement l'intensité des sons transmis, mais encore leur netteté.

«Par cette disposition, dit M. Demoget, la masse vibrante magnétique en regard de l'aimant étant plus grande, la force électro-motrice des courants engendrés est augmentée, et par conséquent les vibrations des plaques du deuxième téléphone sont plus perceptibles.»

Modifications dans la disposition des organes téléphoniques.—Les formes que l'on a données au téléphone Bell ont été, comme on l'a déjà vu, très-diversifiées, mais celles que l'on a adoptées pour ses organes constituants l'ont été encore plus, sans amener de notables améliorations. Voici ce que dit à cet égard M. Preece dans le travail intéressant dont nous avons parlé plus haut: «En augmentant ou en variant les dimensions et la force des aimants, on n'a obtenu que peu ou point d'améliorations, et le plus grand effet obtenu a été réalisé par l'emploi d'aimants en fer à cheval disposés comme l'a indiqué Bell lui-même. Le téléphone a certainement été introduit en Europe avec sa disposition théorique la plus parfaite, quoique Bell travaille encore à l'améliorer.» Cet avis est aussi celui de M. Hellesen qui a fait comme M. Preece beaucoup d'expériences à cet égard, ce qui n'empêche pas beaucoup de personnes d'annoncer qu'ils ont découvert le moyen de faire parler un téléphone devant toute une assemblée. De ce nombre nous citerons M. Righi de Milan, qui prétend avoir obtenu de merveilleux résultats; mais nous avons vu que M. Bell y était également parvenu. Si ce n'est le microphone de M. Hughes, nous ne voyons pas de progrès bien marqués réalisés dans ces nouvelles inventions.

Néanmoins nous croyons utile d'indiquer les dispositions nouvelles qui ont été proposées, et parmi elles nous en citerons une dans laquelle, au lieu d'un aimant droit, on emploie un aimant en fer à cheval, entre les pôles duquel est placée la lame vibrante. Ces pôles sont, à cet effet, munis de semelles de fer, et l'une d'elles est percée d'un trou, qui correspond à l'embouchure de l'appareil. Les deux branches de l'aimant sont d'ailleurs munies d'hélices magnétisantes. Quand on parle à travers le trou, la lame en vibrant détermine dans les deux hélices des courants induits qui seraient de sens contraire si les deux pôles étaient de même nom, mais qui se trouvent être de même sens, en raison de la nature contraire des pôles magnétiques. La lame vibrante joue alors le même rôle que les deux lames de l'appareil de M. Trouvé, que nous avons décrit précédemment.

D'un autre côté, un inventeur anonyme, dans une petite note insérée dans les *Mondes*, du 7 février 1878, écrit ce qui suit: «L'intensité des courants produits dans le téléphone, étant proportionnelle à la masse de fer doux qui vibre devant le pôle de l'aimant, et d'autre part, la plaque étant d'autant plus sensible qu'elle est plus mince, j'emploie, au lieu de la plaque ordinaire, une plaque réduite par l'acide azotique à la plus faible épaisseur, et je la fixe à un cercle de fer doux qui la tient tendue et fait corps avec elle. Ce cercle se trouve logé dans une ouverture circulaire ménagée à l'intérieur du pavillon. Pour un même téléphone, l'intensité est très-sensiblement augmentée quand on ajuste un système semblable à la place de la plaque ordinaire, ne fut-ce qu'à une des extrémités de la ligne.»

Afin de permettre d'employer des lames vibrantes d'une épaisseur extrêmement faible, M. E. Duchemin a imaginé de mettre à contribution des lames de mica très-minces, saupoudrées de fer porphyrisé qu'il fixe au moyen d'une couche de silicate de potasse. On pourrait, d'après l'auteur, correspondre à voix basse avec ce système, mais on aurait l'inconvénient de crever la lame en parlant trop haut.

M. le professeur Jorgensen, de Copenhague, a construit aussi un téléphone Bell produisant des sons très-intenses et qui lui a permis de constater des effets très-curieux. Dans cet appareil, l'aimant est constitué d'une manière analogue aux électro-aimants tubulaires de Nicklès. C'est d'abord un aimant cylindrique muni à sa partie supérieure d'un noyau de fer doux sur lequel est adaptée la bobine; puis un tube aimanté constitué par une bague d'acier qui enveloppe le premier système magnétique et qui est relié avec celui-ci par une culasse de fer. Enfin, au-dessus des extrémités polaires de ce système, se trouve la lame vibrante qui est disposée comme dans les téléphones ordinaires, et qui présente une grande surface. Quand cette lame n'avait qu'un millimètre d'épaisseur, on pouvait entendre la parole dans toute une chambre; mais quand on mettait l'oreille près de la lame vibrante, les sons n'avaient plus aucune netteté; la parole était confuse et semblait répercutée comme quand on parle dans un espace trop sonore et sujet à produire beaucoup d'échos; on était en un mot étourdi par les sons produits. En prenant une plaque plus épaisse de 3 ou 4 millimètres, par exemple, le téléphone ne produisait plus que les effets des téléphones ordinaires, et il fallait mettre l'oreille contre l'instrument.

M. Marin Maillet, de Lyon, a de son côté imaginé, pour augmenter les sons reproduits par le téléphone, de les faire réfléchir par un certain nombre de réflecteurs qui, en les concentrant à leur foyer sur un résonnateur pouvaient les amplifier considérablement. Cette idée n'ayant pas été accompagnée d'expériences ne présente à la vérité rien de sérieux.[Table des Matières]

EXPÉRIENCES RELATIVES AU TÉLÉPHONE.

Depuis les expériences de M. Bell rapportées dans la première partie de ce travail, bien des essais ont été entrepris par divers savants et divers inventeurs pour étudier les effets produits dans ce curieux instrument, en bien préciser la théorie et en déduire des perfectionnements pour sa construction. Nous allons passer successivement en revue ces différentes recherches.

Expériences sur les effets produits par les courants voltaïques et les courants induits.— L'une des premières et des plus importantes a été l'étude comparative des effets produits dans le téléphone par les courants voltaïques et les courants induits. Dès l'année 1873, M. Elisha Gray avait, comme on l'a vu, transformé les courants voltaïques qu'il employait pour faire vibrer les lames de son transmetteur, en courants induits, par l'intermédiaire d'une bobine d'induction analogue à celle de Ruhmkorff. Les courants voltaïques traversaient alors l'hélice primaire de la bobine, et c'étaient les courants induits qui réagissaient sur l'appareil récepteur en déterminant sur les systèmes électro-magnétiques qui le composaient les vibrations provoquées au poste de transmission. Quand M. Edison combina son système de téléphone à pile, il eut recours au même moyen pour actionner son téléphone récepteur, parce qu'il avait reconnu lui-même que les courants induits étaient plus avantageux que les courants voltaïques. Mais cette particularité du dispositif de M. Edison n'avait pas été bien comprise d'après les descriptions parvenues en Europe; de sorte que plusieurs personnes ont cru avoir imaginé cette disposition avantageuse, et parmi elles nous citerons le colonel Navez et MM. Pollard et Garnier.

Le colonel Navez, dans une note intéressante sur un système nouveau de téléphone présenté à l'Académie royale de Belgique le 2 février 1878, ne fait qu'indiquer cette disposition comme moyen de reproduire la parole à de longues distances; mais il ne cite aucune expérience qui montre nettement les avantages de cette combinaison. MM. Pollard et Garnier vingt jours après M. Navez, et sans avoir eu connaissance du travail de ce dernier, m'ont envoyé les résultats qu'ils avaient obtenus par un moyen semblable, et ces résultats m'ont paru si intéressants que j'en ai fait l'objet d'une communication à l'Académie des sciences, le 25 février 1878. Pour qu'on puisse être bien fixé sur l'importance de ces résultats, je vais rapporter textuellement ce qu'en dit M. Pollard dans la lettre qu'il m'a écrite le 20 février 1878.

«Dans le but d'accroître les variations de l'intensité électrique dans le système d'Edison, nous faisons passer le courant dans le circuit inducteur d'une petite bobine de Ruhmkorff, et nous adaptons le téléphone récepteur aux extrémités du fil induit. Le courant reçu a alors pour intensité la dérivée de celle du courant inducteur, et par suite, les variations produites dans le courant actionnant le téléphone ont beaucoup plus d'amplitude. L'intensité des sons transmis est fortement augmentée, et la valeur de cette augmentation dépend du rapport entre les nombres des tours de spires des circuits inducteurs et induits. Les essais que nous faisons pour déterminer les meilleures proportions sont pénibles, puisqu'il faut faire autant de bobines que d'expériences; jusqu'ici nous avons obtenu d'excellents résultats avec une petite bobine de Ruhmkorff réduite à sa plus simple expression, c'est-à-dire sans condensateur ni interrupteur. Le fil inducteur est du n° 16 et forme 5 couches; le fil induit est du n° 32 et forme 20 couches. La longueur de la bobine est de 10 centimètres.

«L'expérience la plus remarquable et la plus saisissante est la suivante: en faisant fonctionner le transmetteur avec un seul élément Daniell, on n'obtient rien d'appréciable à la réception, du moins dans le téléphone que j'ai construit, quand il est adapté directement au circuit. En intercalant la petite bobine d'induction, on perçoit alors les sons avec une grande netteté et une intensité égale à celle des bons téléphones ordinaires. L'amplification est alors considérable et très nettement accusée. Comme le courant de pile est alors peu intense, les pointes de plombagine ne s'usent pas, et le réglage persiste longtemps. En employant une pile plus énergique, six éléments au bichromate de potasse (en tension) ou douze éléments Leclanché, on obtient, par l'action directe, une intensité suffisante pour percevoir les sons un peu plus faiblement qu'avec les téléphones ordinaires; mais en intercalant la bobine d'induction, on a alors des sons bien plus intenses et qui peuvent être entendus à 50 ou 60 centimètres de l'embouchure. Des chants peuvent, dans ces mêmes circonstances, être entendus à plusieurs mètres; mais le rapport d'amplification ne paraît pas jusqu'ici être aussi grand que pour le cas d'un seul élément Daniell.»

D'un autre côté, on voit dans les *Mondes* du 7 mars 1878, la description d'une série d'expériences faites par M. Luvini, professeur de physique à l'académie militaire de Turin qui montrent que l'introduction d'électro-aimants dans le circuit réunissant deux téléphones augmente assez sensiblement l'intensité du son. En en plaçant un près du téléphone transmetteur, l'autre près du téléphone récepteur, on obtient le maximum d'effet, et l'introduction d'un plus grand nombre de ces organes ne produit rien d'utile. Le fil inducteur d'une bobine de Ruhmkorff introduit dans le circuit dont il vient d'être question, n'a provoqué aucun effet d'induction sensible dans le circuit induit, et par conséquent n'a pu faire fonctionner le téléphone correspondant à ce circuit. En revanche, le courant d'une machine de Clarke détermine des sons prononcés qui ressemblent assez à des coups de caisse et sont assourdissants quand l'oreille est appliquée contre l'instrument; mais ils deviennent très-faibles à un mètre de distance. Les courants d'une machine de Ruhmkorff donnent des effets encore plus énergiques: le son remplit toute une chambre. En modifiant la position du marteau de la bobine, le son passe par des tons différents qui sont toujours à l'unisson des interruptions du courant, du moins jusqu'à une certaine hauteur de ton.

Cette propriété des courants induits de la bobine de Ruhmkorff a permis à M. Gaiffe d'obtenir, par leur intermédiaire, un moyen très-facile de réglage pour les téléphones afin de les placer dans leurs conditions de maximum de sensibilité. Il met pour cela à contribution un de ses appareils d'induction à hélices mobiles et à intensités graduées dans le circuit duquel il interpose le téléphone à régler. Les sons résultant du vibrateur se trouvent alors répercutés par le téléphone, et s'entendant à distance de l'instrument, on peut au moyen d'un tournevis, réagir sur la vis à laquelle est fixée l'extrémité libre du barreau aimanté de l'appareil. En la serrant ou en la desserrant, on rapproche ou on éloigne l'autre extrémité de ce barreau de la lame vibrante du téléphone, et on répète ces essais jusqu'à ce qu'on soit arrivé à obtenir le maximum de l'intensité du son.

D'un autre côté, comme les sons rendus par les deux téléphones en correspondance sont d'autant plus intenses que les vibrations produites par eux se rapprochent plus de l'unisson, il est nécessaire de les choisir de manière à émettre les mêmes sons pour une même note donnée, et le moyen indiqué précédemment peut être très-avantageusement employé; car il suffit de noter ceux de ces appareils qui, pour un même réglage de la machine d'induction, donnent la même note dans les conditions de maximum de sensibilité. Un bon accouplement des deux téléphones en correspondance est non-seulement très-important au point de vue de la netteté des transmissions, mais il doit être encore considéré par rapport à la hauteur de la voix de ceux qui sont destinés à en faire usage. Plus cette hauteur est en rapport avec celle des sons produits par les appareils, mieux les sons sont perçus; c'est pourquoi il est des téléphones qui résonnent beaucoup mieux avec la voix des enfants et des femmes qu'avec la voix des hommes, tandis que l'inverse a lieu pour d'autres.

Les vibrations des téléphones sont très-différentes d'un appareil à l'autre, et les moyens que nous venons d'indiquer permettent facilement de s'en rendre compte.

Si on place dans le circuit induit d'une bobine d'induction reliée à un téléphone, un condensateur de grande surface et que l'on éloigne assez le contact de plombagine de la lame vibrante pour ne la toucher que momentanément à chaque vibration, on ne reçoit plus naturellement les articulations des sons, mais seulement les notes d'un air que l'on chante devant la plaque du transmetteur; seulement le courant inducteur ayant des interruptions brusques, engendre des courants induits très-intenses, et suivant MM. Pollard et Garnier, on entend dans tout un appartement l'air chanté, mais avec un timbre particulier qui dépend de la construction du téléphone et du condensateur.

Les avantages des courants induits dans les transmissions téléphoniques se comprennent aisément, si l'on réfléchit que les variations de résistance du circuit qui résultent de la plus ou moins grande amplitude des vibrations de la lame transmettrice étant des valeurs constantes, ne peuvent manifester distinctement leurs effets que sur des circuits courts; par conséquent les articulations des sons qui en résultent, doivent ne plus être très-appréciables sur des circuits très-résistants. Toutefois, si on considère que d'après les expériences de M. Warren de la Rue (voir le *Telegraphic journal* du 1er mars 1878, p. 97), les courants produits par les vibrations de la voix dans un téléphone ordinaire, représentent en intensité ceux d'un élément Daniell traversant 100 megohms de résistance (soit 10 000 000 de kilomètres de fil télégraphique), on peut comprendre qu'il y a autre chose à considérer dans les effets avantageux des courants induits que la simple question d'intensité plus ou moins grande des courants agissant sur le téléphone récepteur. Avec une pile énergique, il est évident, en effet, que les courants différentiels qui agiront seront toujours plus intenses que les courants induits déterminés par le jeu de l'instrument. Je ne serais pas, quant à moi, éloigné de croire que c'est surtout à leurs inversions successives et à leur faible durée, que les courants induits doivent les avantages qu'ils présentent. Ces courants en effet dont la durée ne dépasse guère, suivant M. Blaserna, 1/200 de seconde, se prêtent beaucoup mieux que les courants voltaïques aux vibrations multipliées qui sont le propre des vibrations phonétiques, et cela d'autant mieux que les inversions successives qui se produisent, déchargent la ligne, renversent les effets magnétiques et contribuent à rendre les actions plus nettes et plus promptes. On ne doit donc pas s'étonner si les courants induits de la bobine d'induction, qui peuvent se produire dans des conditions excellentes au poste de transmission, puisque le circuit du courant voltaïque est alors très-court, soient capables de fournir des résultats non-seulement plus avantageux que les courants voltaïques qui leur donnent naissance, mais même que les courants induits résultant du jeu des téléphones Bell, puisqu'ils sont infiniment plus énergiques.

Quant aux effets relativement considérables produits par les courants si minimes des téléphones Bell, ils s'expliquent facilement par cette considération que, prenant naissance sous l'influence même des vibrations de la lame téléphonique, leurs variations d'intensité conservent toujours le même rapport, quelle que soit la résistance du circuit, et ne sont pas, en conséquence, effacées par la distance séparant les deux téléphones.

Expériences sur le rôle des différents organes d'un téléphone dans la transmission de la parole.—Pour pouvoir apporter au téléphone tous les perfectionnements dont il est susceptible, le point important était d'être bien fixé sur la nature des effets déterminés dans les différentes parties qui le composent et sur le rôle joué par les différents organes qui s'y trouvent mis en jeu. C'est pour être fixé à cet égard qu'un certain nombre de savants et de constructeurs ont entrepris une série d'expériences qui ont fourni de très-intéressantes indications.

L'un des points les plus intéressants à élucider était celui de savoir si la lame vibrante dont MM.

Bell et Gray ont muni leur récepteur téléphonique, détermine à elle seule les vibrations complexes qui reproduisent la parole, ou bien si les différentes parties du système électro-magnétique de l'appareil concourent toutes à cet effet. Les expériences faites dès l'année 1837 par M. Page sur les sons produits par les tiges électro-magnétiques résonnantes, et les recherches entreprises en 1846 par MM. de la Rive, Wertheim, Matteucci, etc. sur ce phénomène curieux, permettaient certainement de poser la question, et nous verrons à l'instant qu'elle est beaucoup plus complexe qu'on ne pourrait le croire à première vue.

Pour avoir un point de départ fixe, il fallait avant tout reconnaître si un téléphone dépourvu de lame vibrante peut reproduire la parole. Les expériences faites dès le mois de novembre 1877 par M. Edison[16] avec des téléphones munis d'un diaphragme en cuivre, téléphones qui avaient pu cependant fournir des sons, pouvaient le faire croire, et ces expériences confirmées par M. Preece et surtout par M. Blyth, donnaient plus de poids à cette hypothèse; mais, quand M. Spottiswoode eut assuré, (voir le *Telegraphic-Journal* du 1er mars 1878, p. 95) que l'on pouvait supprimer entièrement la lame vibrante d'un téléphone sans empêcher la transmission de la parole, pourvu que l'extrémité polaire de l'aimant fût placée très-près de l'oreille, le doute ne fut plus permis, et c'est alors que je présentai à l'Académie des sciences ma note sur la théorie du téléphone qui provoqua bientôt de la part de MM. Navez et Luvini une discussion intéressante dont je parlerai à l'instant. On voulut d'abord nier l'authenticité de ces résultats, puis on chercha à expliquer les sons entendus par M. Spottiswoode par une transmission mécanique des vibrations effectuée de la même manière que dans les téléphones à ficelle; mais de nombreuses expériences entreprises depuis par MM. Warwich, Rossetti, Hughes et beaucoup d'autres ont montré qu'il n'en était pas ainsi, et qu'un téléphone sans diaphragme pouvait transmettre électriquement la parole.

M. Navez lui-même qui, dans l'origine, avait nié le fait, convient aujourd'hui qu'un téléphone sans diaphragme peut émettre des sons, et, même dans certaines conditions exceptionnelles de phonation et d'audition téléphonique, reproduire la voix humaine; mais il croit toujours que l'on ne peut reconnaître s'il y a ou non articulation des mots.

Cette incertitude dans les résultats obtenus par les différents physiciens qui se sont occupés de cette question prouve, toutefois, que les sons ainsi reproduits ne sont pas très-accentués et que, dans des phénomènes physiques appréciables seulement à nos sens, la constatation d'un effet peu accentué dépend surtout de la perfection de nos organes. Nous verrons à l'instant comment cet effet si faible peut se développer dans de grandes proportions par suite de la disposition adoptée par MM. Bell et Gray.

Un second point était encore à éclaircir. Il s'agissait de savoir si le diaphragme d'un téléphone vibre réellement, ou du moins si ses vibrations peuvent entraîner son déplacement, comme cela a lieu dans un trembleur électrique ou un instrument à anches que l'on fait vibrer par un courant d'air. M. Antoine Bréguet a fait à cet égard des expériences intéressantes qui ont montré que ce mouvement n'était pas admissible, car il a pu faire parler très-distinctement des téléphones avec des lames vibrantes de toutes les épaisseurs, et il a poussé les expériences jusqu'à employer des lames de 15 centimètres d'épaisseur. La superposition sur ces lames épaisses de morceaux de bois, de caoutchouc et en général de substances quelconques n'empêchait pas l'effet de se produire. Or on ne peut admettre dans ce cas que les lames puissent être animées d'un mouvement de va-et-vient. J'ai d'ailleurs constaté en superposant une couche d'eau ou de mercure sur ces lames et même sur des diaphragmes minces, qu'aucun mouvement sensible ne les animait, du moins en n'employant, comme source électrique, que les courants induits déterminés par l'action de la parole. Aucunes rides ne se distinguaient à la surface de la couche liquide, même quand pour les apercevoir on employait des appareils à réflexion lumineuse. Comment d'ailleurs pourrait-on admettre qu'un courant qui n'est pas plus intense que celui d'un élément de Daniell ayant traversé dix millions de kilomètres de fil télégraphique, courant qui ne peut fournir de déviation que sur un galvanomètre Thomson, et encore en admettant que le courant a été provoqué en appuyant le doigt sur le diaphragme, ait une énergie suffisante pour faire vibrer mécaniquement par attraction une lame de fer aussi tendue que l'est celle d'un téléphone!!!

Il résulte toutefois d'expériences

photographiques très-précises, que des vibrations sont produites par le diaphragme d'un téléphone récepteur; elles sont infiniment petites, si l'on veut, mais elles sont, suivant M. Blake, suffisantes pour qu'un index très-léger, porté par ce diaphragme, puisse fournir quelques petites inflexions sur une ligne décrite par lui sur un enregistreur. Toutefois, de ce qu'un petit mouvement de vibration existe sur ce diaphragme, il ne s'ensuit pas qu'il doive être rapporté à un effet d'attraction, car il peut résulter d'une vibration déterminée par l'action même de la magnétisation au sein du diaphragme[17].

Voici, du reste, une expérience très-intéressante de M. Hughes, répétée d'ailleurs dans d'autres conditions par M. Millar, qui prouve bien en faveur de notre opinion.

Si l'aimant d'un téléphone récepteur est constitué par deux barreaux aimantés parfaitement égaux, séparés l'un de l'autre par un isolant magnétique, et qu'on les place dans la bobine de manière à présenter en face du diaphragme tantôt des pôles de même nom, tantôt des pôles contraires, on reconnaît que le téléphone reproduit mieux la parole dans ce dernier cas que dans le premier. Or, si les effets étaient attractifs il n'en serait pas ainsi, car les actions sont en discordance quand des pôles de noms contraires sont soumis à une même action électrique, tandis qu'elles sont conspirantes dans un même sens quand ces pôles sont de même nom.

D'un autre côté, on reconnaît que si on emploie plusieurs lames de fer superposées pour constituer le diaphragme d'un téléphone récepteur, la transmission des sons est beaucoup plus forte que quand le diaphragme est simple, et pourtant l'attraction, si tant est qu'elle pût se faire, ne pourrait se produire que sur l'un des diaphragmes.

Une expérience très-intéressante de M. A. Bréguet a montré encore que les différentes parties constituantes d'un téléphone, aussi bien le manche, les bornes de cuivre, la coquille que la plaque et le barreau aimanté, peuvent transmettre les sons; et pour arriver à constater ce résultat, M. Bréguet a employé des téléphones à ficelle dont il attachait le fil en différents points du téléphone expérimenté. Il a pu de cette manière non-seulement établir une correspondance entre une personne faisant agir le téléphone électrique et une autre écoutant dans le téléphone à ficelle, mais encore faire parler plusieurs téléphones à ficelle, reliés en plusieurs points du téléphone électrique.

Ces deux séries d'expériences montrent que des sons peuvent être obtenus des diverses parties d'un téléphone sans mouvements vibratoires très-appréciables; mais M. J. Luvini a voulu s'en assurer d'une manière plus nette encore, en examinant si définitivement l'aimantation d'un corps magnétique suivie de sa désaimantation entraînerait une variation dans la forme et les dimensions de ce corps. Il a en conséquence fait construire un grand électro-aimant tubulaire qu'il remplissait d'une assez grande quantité d'eau pour que, ses deux extrémités étant bouchées, le liquide pût apparaître dans un tube capillaire adapté à l'un des bouchons. De cette manière, les plus petites variations dans la capacité de la partie creuse de l'électro-aimant étaient accusées par une ascension ou une descente de la colonne liquide. Or, en faisant traverser l'électro-aimant par un courant électrique de différente intensité, il n'a jamais observé aucun changement dans le niveau de l'eau dans le tube. Avec cette disposition il pouvait mesurer pourtant un changement de volume de 1/30 de millimètre cube. Donc, il résulte de ces effets, que les vibrations produites dans un corps magnétique sous l'influence d'aimantations et de désaimantations successives, sont *tout à fait moléculaires*. Nous examinerons à l'instant comment ces différentes déductions peuvent être interprétées pour que l'on puisse comprendre la véritable théorie du téléphone; mais avant d'entamer cette étude nous devrons indiquer encore quelques autres expériences qui ont aussi leur intérêt.

Nous avons vu que MM. Edison, Blyth et Preece avaient fait des expériences qui ont montré que des sons pouvaient être reproduits par un téléphone dont le diaphragme était constitué avec une matière non magnétique, mais ils ont fait voir aussi, chose plus curieuse encore, que ces sons pouvaient être transmis sous l'influence de courants induits provoqués par ces diaphragmes mis en vibration devant l'aimant. Déjà MM. Edison et Blyth avaient avancé ce fait, mais M. B.-W. Warwich, dans un article publié dans l'*English-mecanic* (voir les *Mondes* du 2 mai 1878), l'a confirmé malgré l'incrédulité qui avait accueilli cette nouvelle; «Il semblerait, dit-il, que pour agir sur l'aimant de manière à produire des courants induits, quelque chose doit d'abord vibrer d'une manière quelconque et être en possession de plus de force vive qu'un gaz; mais il n'est pas nécessaire que la substance soit magnétique, car les corps diamagnétiques agissent très-bien[18].» M. Preece en avait recherché la cause dans les courants induits développés dans un corps conducteur quelconque quand on fait mouvoir devant lui un aimant, courants qui donnent lieu au phénomène découvert par Arago et connu sous le nom de *magnétisme de rotation*. Ces faits toutefois ne nous paraissent pas encore assez bien établis pour qu'on puisse s'occuper sérieusement de leur théorie, et il pourrait se faire que les effets observés fussent la conséquence de simples transmissions mécaniques.

S'il faut en croire M. Preece, il paraîtrait qu'on pourrait transmettre avec un téléphone dont on remplacerait l'aimant par un simple noyau de fer doux, et il attribue ce résultat au magnétisme rémanent du fer et à l'action magnétique exercée sur ce barreau par le magnétisme terrestre. M. Blake de Boston a constaté aussi le même phénomène, mais il ne l'observait d'une manière marquée que quand le noyau de fer doux était placé dans une direction inclinée par rapport à la terre.

Suivant M. Navez, l'intensité du son reproduit dans un téléphone dépend, non-seulement de l'amplitude des vibrations, mais aussi de la surface vibrante par suite de l'action qu'elle exerce sur la couche d'air qui doit transmettre les sons. (Voir le mémoire de M. Navez dans le *Bulletin de l'Académie de Belgique*, du 7 juillet 1878).

Expériences sur les effets résultant de chocs mécaniques communiqués à différentes parties d'un téléphone.—Si dans un téléphone ordinaire on adapte une pièce de fer contre la vis qui tient l'aimant, on reconnaît que les sons transmis sont un peu plus accentués, ce qui tient au renforcement du pôle actif de l'aimant; mais on entend au moment où l'on applique la pièce de fer contre la vis, un bruit assez prononcé qui semble être dû aux vibrations mécaniques déterminées dans le barreau au moment du choc. M. le lieutenant de vaisseau des Portes a fait dernièrement sur ce genre de phénomènes des expériences intéressantes. Ainsi il a reconnu que, si sur un circuit téléphonique de 100 mètres complété par le sol, le téléphone transmetteur est réduit au simple aimant muni de sa bobine qui constitue son organe électro-magnétique, et que cet aimant soit suspendu verticalement par un fil de soie, la bobine en haut, un coup frappé sur cet aimant, soit au moyen d'un morceau de bois, soit au moyen d'une tige de cuivre, pourra déterminer dans le téléphone récepteur, des sons distincts qui augmenteront d'autant plus d'intensité que le coup sera frappé plus près de la bobine, et qui deviendront plus forts encore, mais moins nets, quand on mettra en contact avec le pôle supérieur de l'aimant une lame vibrante de fer doux.

Quand le corps avec lequel on frappe est en fer, les sons dont il vient d'être question sont plus accentués qu'avec le morceau de bois, et quand l'aimant est muni de sa lame vibrante appliquée sur son pôle actif, on saisit en même temps que le bruit du choc une vibration de la plaque.

Si le corps percuteur est un aimant, les bruits produits sont semblables à ceux que l'on obtient avec un percuteur en fer, quand l'effet est produit entre pôles de même nom, mais si ce sont des pôles de noms contraires, on entend après chaque coup un second bruit produit par l'arrachement de l'aimant et qui paraît être un coup frappé beaucoup moins fort. Naturellement ces bruits augmentent si l'aimant est muni de sa lame vibrante.

Si on parle sur la plaque vibrante du téléphone transmetteur quand elle est appliquée sur le pôle de l'aimant, on entend sur le téléphone récepteur des sons variés assez semblables à ceux produits par les vibrations d'une corde à violon, et le bruit que fait la plaque quand on la retire du contact de l'aimant est parfaitement entendu au récepteur.

Quand on parle au récepteur, la personne qui a l'oreille appliquée sur la plaque vibrante du transmetteur, disposé comme ci-dessus, entend très-bien, mais ne distingue pas les paroles, ce qui tient sans doute au magnétisme condensé au point de contact de l'aimant et de la lame vibrante, et qui rend les variations magnétiques plus lentes et plus difficiles à s'effectuer.

Pour percevoir les coups frappés sur l'aimant avec une tige de fer doux, la présence de la bobine n'est pas nécessaire. En enroulant trois tours seulement du fil conducteur dénudé, servant de fil de ligne, sur une extrémité de l'aimant, on peut percevoir les sons, et ces sons cessent, comme dans les autres expériences, quand le circuit est interrompu, ce qui montre bien qu'on ne peut les attribuer à une transmission mécanique. Mais ce qui est le plus curieux, c'est que si l'aimant est interposé dans le circuit de manière à en faire partie intégrante, et que les deux extrémités du fil conducteur soient enroulées autour des bouts de l'aimant, les coups frappés sur celui-ci avec le fer doux, sont perçus dans le téléphone aussitôt que l'un des pôles de l'aimant est muni de la plaque vibrante.

J'ai répété moi-même les expériences de M. des Portes en frappant simplement sur la vis qui, dans les téléphones ordinaires fixe l'aimant à l'appareil, et j'ai constaté que, toutes les fois que le circuit était complet, les coups frappés avec un couteau d'ivoire étaient répétés par le téléphone; ils étaient très-faibles, il est vrai, quand la lame vibrante était enlevée, mais très-marqués avec l'addition de cette lame. Au contraire, toutes les fois que le circuit était interrompu, aucun bruit n'était perçu. Ces bruits étaient du reste plus forts quand les coups étaient frappés sur la vis que quand ils étaient frappés sur le pôle même de l'aimant au-dessus de la bobine, ce qui tenait à ce que, dans le premier cas, le barreau pouvait vibrer librement, tandis que dans le second, les vibrations se trouvaient étouffées par suite de la fixation du barreau.

On pourrait, jusqu'à un certain point, expliquer ces effets en disant que les vibrations déterminées sur l'aimant par le choc, ont pour résultat de déterminer *des déplacements ondulatoires des particules magnétiques* dans toute l'étendue du barreau, et que de ces déplacements doivent résulter, dans l'hélice, d'après la loi de Lenz, des courants induits dont la force augmente quand la puissance de l'aimant est surexcitée par la réaction de son diaphragme, lequel joue le rôle d'armature, et par celle du corps percuteur quand il est magnétique. Toutefois, les dernières expériences de M. des Portes sont plus difficiles à expliquer, et il pourrait bien y avoir autre chose que des courants induits ordinaires.

Ces expériences ne sont pas les seules qui montrent les effets déterminés sous l'influence d'ébranlements moléculaires de diverses natures.— Ainsi, M. Thomson de Bristol a reconnu que si on introduit dans le circuit d'un téléphone ordinaire, une pièce de fer et une tige de laiton placée perpendiculairement sur le fer, il suffira de donner un coup sur la tige de laiton pour déterminer un son énergique dans le téléphone. D'un autre côté, il a montré aussi que si on entoure les deux extrémités polaires d'un aimant droit de deux bobines d'induction, mises en rapport avec le circuit d'un téléphone, et qu'on promène au-dessous de l'aimant, dans l'intervalle séparant les deux bobines, la flamme d'une lampe à alcool, on entend un bruit très-marqué aussitôt que la flamme exerce son action sur le barreau aimanté. Cet effet provient sans doute de l'affaiblissement du magnétisme du barreau déterminé par l'effet calorifique alors produit. Enfin j'ai reconnu moi-même que des grattements effectués sur l'un des fils qui réunissent deux téléphones entre eux, sont perçus dans ces téléphones, quel que soit d'ailleurs le point du circuit où ces grattements sont produits. Les sons ainsi provoqués sont, à la vérité, très-faibles, mais ils se distinguent nettement, et acquièrent une plus grande intensité quand le grattement est effectué sur les bornes d'attache des fils des téléphones. Tous ces sons, d'ailleurs, ne peuvent pas être la conséquence d'une transmission mécanique de vibrations, car quand le circuit est interrompu, on ne peut en percevoir aucun. D'après ces expériences, on pourrait croire que certains bruits que l'on constate dans les téléphones expérimentés sur les lignes télégraphiques, pourraient bien provenir des frictions des fils sur les supports, frictions qui donnent lieu à ces sons souvent très-intenses que l'on entend quelquefois sur certaines lignes télégraphiques.

Théorie du téléphone.—Il semblerait résulter des diverses expériences que nous avons rapportées précédemment, que l'explication qu'on donne généralement des effets produits dans le téléphone, serait très-incomplète, et que la transmission de la parole, au lieu de résulter de la répétition par la membrane du téléphone récepteur (sous l'influence des effets électro-magnétiques produits) des vibrations déterminées par la voix sur la membrane du téléphone transmetteur, devrait provenir des vibrations moléculaires déterminées dans le système électro-magnétique tout entier et particulièrement sur le noyau magnétique enveloppé par l'hélice. Ces vibrations seraient dès lors de la même nature que celles qui ont été étudiées dans les tiges électro-magnétiques résonnantes par MM. Page, de la Rive, Wertheim, Matteucci, etc., et ce sont elles qui ont été mises à contribution dans les téléphones de Reiss, de Cécil et Léonard Wray, et de Vander-Weyde. Dans cette hypothèse, la lame vibrante aurait pour principal rôle à remplir, de réagir pour la production des courants induits quand elle serait mise en vibration par la voix, et de renforcer par sa réaction sur l'extrémité polaire du barreau aimanté, les effets magnétiques déterminés au sein de celui-ci, quand elle vibrerait sous l'influence électro-magnétique, ou du moins, quand elle serait actionnée par l'aimant. Or comme ces vibrations sont d'autant plus amplifiées pour une même note, que la lame est plus flexible, et comme, d'un autre côté, les variations dans l'état magnétique d'une lame s'effectuent d'autant plus rapidement qu'elle présente moins de masse, on comprend immédiatement pourquoi il convient d'employer des lames vibrantes très-minces et relativement petites, comme l'a fait M. Edison. Dans le cas de la transmission, la plus grande amplitude des vibrations augmente l'intensité des courants induits transmis. Dans le cas de la réception, les variations d'aimantation déterminant les sons, sont rendues plus accentuées et plus nettes, aussi bien dans la membrane armature que dans le barreau aimanté; il y a donc avantage dans les deux cas. Cette hypothèse n'exclut d'ailleurs en rien l'effet phonétique des vibrations mécaniques et physiques qui pourraient se produire dans la lame armature sous l'influence des magnétisations et démagnétisations qu'elle subit, et qui viendraient ajouter leur action à celle des noyaux magnétiques.

Quelle est la nature des vibrations transmises dans le téléphone récepteur? C'est une question encore obscure, et ceux qui s'en sont occupés sont loin d'être d'accord; elle a même été l'objet d'une discussion intéressante en 1846 entre MM.

Wertheim et De la Rive, et les découvertes nouvelles la rendent encore plus compliquée. Suivant M. Wertheim, ces vibrations seraient à la fois longitudinales et transversales et proviendraient d'attractions échangées entre les spires de l'hélice magnétisante et les particules magnétiques du noyau; suivant M. De la Rive elles seraient, dans le cas qui nous occupe, uniquement longitudinales et résulteraient de contractions et dilatations moléculaires déterminées par des arrangements différents pris par les molécules magnétiques, sous l'influence des aimantations et des désaimantations. C'est cette explication qui nous paraît la plus rationnelle, et une expérience faite en 1846 par M. Guillemin semblerait la confirmer. M. Guillemin avait en effet reconnu que si une tige flexible de fer entourée d'une hélice magnétisante est pincée dans un étau à l'une de ses extrémités et recourbée sous l'influence d'un poids adapté à l'autre extrémité, on peut la faire redresser instantanément par le passage d'un courant à travers l'hélice magnétisante. Or ce redressement ne peut, dans ce cas, provenir que de la contraction déterminée par les molécules magnétiques qui, sous l'influence de leur aimantation, tendent à provoquer des attractions intermoléculaires et à modifier les conditions d'élasticité du métal. On sait en effet que du fer ainsi aimanté acquiert la dureté de l'acier et qu'il ne peut plus être attaqué par la lime.

Quoi qu'il en soit, il est impossible de ne pas admettre que des sons soient produits dans le noyau magnétique aussi bien que dans l'armature, sous l'influence d'effets électriques intermittents. Ces sons pourront d'ailleurs être musicaux ou articulés; car du moment où le transmetteur aura provoqué l'action électrique convenable, nous ne voyons pas de raison pour que des vibrations effectuées transversalement ou longitudinalement transmettent les uns plutôt que les autres. Ces vibrations, du reste, sont, comme on l'a vu, pour ainsi dire microscopiques[19].

M. J. Luvini, qui partage nos idées sur la théorie qui précède, croit cependant qu'elle ne peut satisfaire complétement l'esprit, que si l'on fait entrer en ligne de compte la réaction déterminée par le barreau magnétique sur l'hélice qui l'entoure. «Il ne peut y avoir, dit-il, *action* sans *réaction*, et en conséquence les changements moléculaires déterminés dans le barreau doivent provoquer des variations correspondantes dans l'hélice, et les deux effets doivent contribuer à la production des sons.» Il cite à l'appui de son dire l'expérience suivante du professeur Rossetti, qui est réellement curieuse.

Dans une suite de recherches qu'il avait entreprises sur les téléphones sans lame vibrante, ce savant avait employé sans le savoir un téléphone dont la bobine n'était pas bien fixée sur le noyau magnétique, et il remarqua à son grand étonnement que cette bobine oscillait le long du noyau magnétique, au passage des courants discontinus, et qu'elle produisait des sons. Or ce mouvement était une réaction déterminée par les effets magnétiques produits.

La difficulté d'expliquer la production des sons dans un organe électro-magnétique dépourvu d'armature, avait fait nier dans l'origine l'authenticité des expériences que nous avons rapportées précédemment, et M. Navez avait entamé avec nous une discussion qui ne sera pas sans doute terminée de sitôt; mais il est résulté de cette discussion, que ce savant a été obligé de convenir que *le son de la voix humaine pouvait être reproduit par un récepteur téléphonique privé de sa plaque.* Toutefois, il croit encore que cette reproduction est trop faible pour qu'on puisse reconnaître s'il y a ou s'il n'y a pas articulation, et soutient toujours que les vibrations transversales de la plaque résultant d'effets attractifs, sont les seules qui reproduisent la parole articulée avec une intensité suffisante pour être utile.

Il est certain que l'articulation de la parole exige une certaine puissance de vibration qu'un téléphone sans diaphragme ne peut pas facilement fournir, car il faut considérer que, dans un appareil ainsi disposé, les effets magnétiques sont réduits dans un rapport considérable qui est celui de la force magnétique développée dans le barreau à cette force multipliée par elle-même, et qu'une action, aussi faible que l'est celle accusée dans un téléphone, devient pour ainsi dire nulle, quand par suite de la suppression de l'armature, elle n'est plus représentée que par la racine carrée de la force qui l'a déterminée. Il peut donc se faire que des sons à peine perceptibles dans un téléphone sans diaphragme, le deviennent quand, par suite de la présence de ce diaphragme, la cause qui les provoque est multipliée par elle-même et qu'il s'y ajoute encore les vibrations déterminées au sein de l'armature elle-même sous l'influence des magnétisations et démagnétisations qu'elle subit.

Pour montrer que l'action du diaphragme n'est pas aussi indispensable que M. Navez semble le supposer, et que les vibrations de ce diaphragme ne sont pas le résultat d'attractions électro-magnétiques, il suffit de se reporter aux expériences de M. Hughes que nous avons exposées p. 129. Il est certain que si cet effet était en jeu, on entendrait mieux quand les deux barreaux aimantés présenteraient des pôles de même nom devant le diaphragme, que quand ils présenteraient des pôles de noms contraires, puisque toutes les actions seraient alors conspirantes dans le même sens. D'un autre côté les plus grands effets que l'on obtient avec des diaphragmes multiples juxtaposés éloignent complétement cette hypothèse. Néanmoins, il pourrait se faire que dans les téléphones électro-magnétiques, le diaphragme de fer, en raison des variations faciles de son état magnétique, pût contribuer beaucoup à rendre les sons articulés plus nets et plus distincts; il pourrait alors réagir à la manière de la langue; mais nous croyons que c'est surtout à l'amplitude des vibrations déterminées sur le transmetteur, qu'on doit rapporter la plus ou moins grande netteté des sons articulés. Ainsi M. Hughes a démontré que les charbons de bois métallisés employés dans ses parleurs microphoniques étaient préférables aux charbons de cornue pour transmettre la parole, précisément parce que, étant moins conducteurs, les différences de résistance qui résultent des différences de pression, sont plus accentuées et permettent par conséquent de mieux faire saisir les différentes nuances des sons vocaux qui constituent l'articulation de la parole.

Mais il ne s'agit plus aujourd'hui d'une discussion d'effets magnétiques; la science a marché depuis que M. Navez a ouvert la discussion, et nous lui demanderons maintenant comment, avec sa théorie des mouvements attractifs du diaphragme des téléphones, il peut expliquer la reproduction de la parole par un microphone récepteur *dépourvu de tout organe électro-magnétique*, et je puis lui certifier que dans les expériences que j'ai faites, la transmission des vibrations ne pouvait se faire mécaniquement, car quand le circuit était coupé ou la pile retirée du circuit, aucun son n'était entendu. Il faut décidément que M. Navez compte avec les *vibrations moléculaires*. Certainement, c'est un terrain nouveau à étudier; mais c'est parce que nous nous acharnons en Europe à vouloir rester dans les limites de théories incomplètes que nous avons laissé aux américains, qui ne s'en inquiètent guère, la gloire de faire les grandes découvertes qui nous étonnent depuis quelques mois. Que M. Navez lise avec soin les notes de MM. Luvini, des Portes, Trève, Hughes, Rossetti, et nous sommes certain que ses idées se modifieront.

En résumé, la théorie du téléphone et du microphone considérés comme organes reproducteurs de la parole est encore loin d'être élucidée complétement, et dans des questions aussi neuves, il scrait imprudent d'être trop affirmatif.

La transmission électrique des sons, dans les téléphones magnéto-électriques, ne laisse pas que de présenter quelques complications théoriques. On a vu en effet qu'on pouvait les obtenir avec des diaphragmes en matière non magnétique et même par l'effet de simples vibrations mécaniques déterminées par des chocs. Est-ce à des réactions d'induction de l'aimant sur la lame vibrante mise en action qu'il faut les attribuer dans le premier cas, et aux mouvements des particules magnétiques devant les spires de l'hélice qu'il faut les rapporter dans le second?.... la question est encore bien obscure; néanmoins on peut concevoir que les modifications de l'action inductrice de l'aimant sur le diaphragme mis en vibration puissent entraîner des variations de l'intensité magnétique, de même qu'on peut admettre une action de la même nature par suite de l'éloignement, et du rapprochement des particules magnétiques des spires de l'hélice; toutefois M. Trève croit, dans ce dernier cas, à une action particulière qu'il a déjà eu occasion d'étudier dans d'autres circonstances, et voit dans le courant ainsi produit l'effet d'une transformation du travail mécanique déterminé au sein des molécules magnétiques. Ce qui complique encore la question, c'est que souvent ces effets sont produits par des transmissions simplement mécaniques.

Il était encore un point intéressant à étudier et sur lequel M. Navez a donné quelques indications intéressantes; c'était de savoir si les effets étaient plus énergiques, pour la réception, avec des aimants permanents, qu'avec des aimants temporaires. Dans le premier modèle de téléphone exposé à Philadelphie par M. Bell, le récepteur était, comme on l'a vu, constitué par un électro-aimant tubulaire dont le pôle cylindrique était muni de la lame vibrante; mais M. Bell n'a pas maintenu cette disposition, et s'il faut en croire ce qu'il dit à cet égard dans son mémoire, ce serait afin de rendre son appareil à la fois récepteur et transmetteur[20]. Toutefois M. Navez prétend que le rôle de l'aimant est plus important, et même qu'il est indispensable dans les conditions actuelles de sa construction. «On peut, dit-il, dans certaines circonstances, et en construisant l'instrument d'une manière spéciale, faire parler un Bell récepteur sans aimant permanent; cependant, l'instrument tel qu'il est construit généralement, *reste muet* si on retire l'aimant pour le remplacer par un cylindre de fer doux fixé dans la bobine. Néanmoins il suffit d'approcher le pôle d'un aimant permanent d'un cylindre en fer doux, pour rendre la voix au téléphone: il résulte de nos expériences que pour qu'un téléphone Bell fonctionne bien, il est indispensable que la plaque soit soumise à une *tension magnétique initiale*, obtenue au moyen d'un aimant permanent. Cette assertion est d'ailleurs facile à déduire de considérations théoriques.»

Quant à l'action des courants envoyés à travers l'hélice d'un téléphone, elle s'explique aisément. Quelles que soient les conditions magnétiques du barreau, les courants induits de différente intensité qui agissent sur lui, provoquent des modifications dans son état magnétique, d'où résultent des vibrations moléculaires par contraction et dilatation. Ces vibrations se produisant également dans l'armature sous l'influence des aimantations et désaimantations qui y sont déterminées par l'action magnétique du noyau, renforcent celles de ce noyau, en même temps que les modifications dans l'état magnétique du système se trouvent amplifiées par suite de la réaction des deux pièces magnétiques l'une sur l'autre. Quand le barreau est en fer doux, les courants induits agissent en créant des aimantations plus ou moins énergiques auxquelles succèdent des désaimantations qui sont d'autant plus promptes que des courants inverses succèdent toujours à ceux qui ont été actifs, ce qui rend les alternatives d'aimantation et de désaimantation plus nettes et plus rapides. Quand le barreau est aimanté, l'action est différentielle, et peut s'exercer dans un sens ou dans un autre, suivant que les courants induits correspondant aux vibrations effectives, passent à travers la bobine réceptrice dans le même sens ou en sens contraire du courant magnétique du barreau. Si ces courants sont de même sens, l'action est renforçante, et les modifications sont effectuées comme si c'était une aimantation qui était déterminée. Si ces courants sont de sens contraire, l'effet inverse se produit; mais quels que soient ces effets, les vibrations moléculaires conservent les mêmes rapports réciproques et la même hauteur dans l'échelle des sons musicaux. Si on étudie la question au point de vue mathématique, on trouve la présence d'une constante en rapport avec l'intensité du courant qui n'existe pas dans les vibrations mécaniques et d'où résulterait peut-être le timbre particulier que présente la parole reproduite dans le téléphone, timbre qui l'a fait comparer à la voix de polichinelle. M. Dubois Raymond a du reste publié sur cette théorie un mémoire intéressant qui est rapporté dans les *Mondes* du 21 février 1878 (p. 314), mais que nous ne reproduisons pas ici, parce que les considérations qu'il émet sont trop scientifiques pour les lecteurs auxquels s'adresse notre ouvrage. Nous ajouterons seulement que d'après M. C. W. Cuningham, les vibrations produites dans un téléphone ne peuvent se manifester exactement dans les mêmes conditions que celles qui affectent le tympan de l'oreille, parce que celui-ci a une forme particulière en entonnoir qui exclut toute note fondamentale qui lui soit spécialement propre, tandis qu'il n'en est pas de même pour les barreaux et lames magnétiques qui possèdent des notes fondamentales capables de masquer beaucoup des demi-tons de la voix. C'est suivant lui à ces notes fondamentales qu'il faut attribuer l'altération de la voix observée dans le téléphone.[Table des Matières]

EXPÉRIENCES DIVERSES FAITES AVEC LE TÉLÉPHONE.

Nous allons nous occuper maintenant d'une série d'expériences qui, tout en faisant ressortir les merveilleuses propriétés du téléphone peuvent encore donner quelques indications sur l'importance des actions qui sont susceptibles de l'affecter.

Expériences de M. d'Arsonval.—On a vu que le téléphone était un instrument d'une extrême sensibilité, mais cette sensibilité n'avait pu être appréciée d'une manière bien nette par les moyens ordinaires. Pour la mesurer en quelque sorte, M.

d'Arsonval a eu l'idée de la comparer à celle du nerf d'une grenouille, appareil qui, comme on le sait, avait été regardé jusqu'ici comme le plus parfait de tous les galvanoscopes, et le résultat de ses expériences a été que le téléphone est deux cents fois plus sensible que ce nerf. Voici du reste comment M. d'Arsonval rend compte de ses recherches à cet égard dans les comptes rendus de l'Académie des sciences du 1er avril 1878.

«Je prépare une grenouille à la manière de Galvani. Je prends l'appareil d'induction de Siemens usité en physiologie sous le nom d'*appareil à chariot*; j'excite avec la pince ordinaire le nerf sciatique, et j'éloigne la bobine induite jusqu'à ce que le nerf ne réponde plus à l'excitation électrique. Je remplace alors le nerf par le téléphone, et le courant induit qui n'excitait plus le nerf fait vibrer avec force cet appareil. J'éloigne la bobine induite et le téléphone vibre toujours.

«Dans le silence de la nuit, j'ai pu entendre vibrer le téléphone en éloignant la bobine induite à une distance quinze fois plus grande que celle du minimum d'excitation du nerf; par conséquent, si l'on admet pour l'induction comme pour les actions à distance la loi des carrés inverses, on voit que, dans cette circonstance, le téléphone est au moins deux cents fois plus sensible que le nerf.

«Nous possédons dans le téléphone un instrument d'une sensibilité exquise. Il est, comme on le voit, beaucoup plus sensible que la patte galvanoscopique, et j'ai songé à en faire un galvanoscope. On n'étudie que très-difficilement les courants musculaires et nerveux avec un galvanomètre de 30000 tours, parce que l'appareil manque d'instantanéité et que l'aiguille, à cause de son inertie, ne peut manifester de variations électriques se succédant rapidement, comme celles qui ont lieu par exemple dans le muscle lorsqu'on le tétanise. Cet inconvénient n'existe plus avec le téléphone qui répond toujours par une vibration à un changement électrique, quelque rapide qu'il soit. C'est donc un excellent instrument pour étudier le tétanos électrique du muscle. On peut être sûr d'avance que le courant musculaire excitera le téléphone puisque ce courant excite le nerf qui est moins sensible que cet appareil. L'instrument nécessite pour cela quelques dispositions spéciales.

«Le téléphone ne peut servir qu'à constater les variations d'un courant électrique, quelque faibles qu'elles soient, il est vrai; mais j'ai trouvé le moyen par son intermédiaire de constater la présence d'un courant continu, quelque faible qu'il puisse être. J'y ai réussi en employant un artifice très-simple. Je lance dans le téléphone le courant supposé, et, pour obtenir des variations, j'interromps mécaniquement ce courant par le diapason. Si aucun courant ne traverse le téléphone, l'instrument reste muet. Si, au contraire, le plus faible courant existe, le téléphone vibre à l'unisson du diapason.»

M. le professeur Eick, de Wurtzbourg, a aussi employé le téléphone pour des recherches physiologiques, mais en suivant une voie précisément contraire à celle explorée par M. d'Arsonval. Il a reconnu qu'en mettant les nerfs d'une grenouille en rapport avec un téléphone, on les contractait d'une manière énergique aussitôt qu'on parlait dans l'appareil, et l'énergie des contractions dépendait surtout de la nature des mots prononcés; ainsi, il a constaté que les voyelles *a, e, i* ne produisaient presque pas d'effet, tandis que l'*o* et surtout l'*u* en déterminaient un très-énergique. Les mots *liege-still* prononcés à haute voix ne produisent qu'une très-faible action, tandis que le mot *tucker*, même prononcé à voix basse, agitait fortement la grenouille. Ces expériences, qui rappellent celles de Galvani, étaient naturellement basées sur les effets produits par les courants induits développés dans le téléphone, et prouvent que si cet instrument est un galvanoscope plus sensible que le nerf d'une grenouille, celui-ci est plus impressionnable que nos galvanomètres les plus perfectionnés.

Expériences de M. Demoget.—Pour comparer l'intensité des sons transmis par le téléphone avec l'intensité du son primitif, M. Demoget a disposé dans une plaine découverte deux téléphones. Il tenait à l'oreille le premier, tandis qu'un aide s'éloignait de lui, en répétant sans cesse la même syllabe avec la même intensité de voix dans le deuxième instrument. Il entendait d'abord le son transmis par le téléphone, puis ensuite le son qui arrivait directement, en sorte que rien n'était plus facile que de comparer. Or, voici les résultats qu'il a obtenus.

«À quatre-vingt-dix mètres, les intensités perçues étaient égales, la plaque vibrante étant éloignée du tympan d'environ cinq centimètres. À ce moment, le rapport des intensités était donc de 25 à 81.000.000. En d'autres termes, le son transmis par le téléphone n'était que 1/3.000.000 du son émis. «Mais comme les stations dans lesquelles on opérait ne pouvaient être considérées comme deux points vibrant librement dans l'espace, il y avait lieu, dit M. Demoget, de réduire ce rapport de moitié, à cause de l'influence du sol, et d'admettre que le son transmis par le téléphone était 1.500.000 fois plus faible que celui émis par la voix.

«Comme, d'autre part, on sait que l'intensité de deux sons est proportionnelle au carré de l'amplitude des vibrations, on peut en conclure que les vibrations des deux plaques des téléphones étaient directement proportionnelles aux distances, c'est-à-dire, comme 5 est à 9.000, ou que les vibrations du téléphone transmetteur étaient dix-huit cents fois plus grandes que celles du téléphone récepteur. On peut donc comparer celles-ci à des vibrations moléculaires, car celles du téléphone transmetteur ont déjà une amplitude très-petite.

«Sans diminuer en rien le mérite de la remarquable invention de Bell, continue M. Demoget, on peut conclure de ce qui précède que le téléphone, au point de vue du rendement, est une machine qui laisse bien à désirer, puisqu'elle ne transmet que la dix-huit centième partie du travail primitif, et que si cet instrument a donné des résultats si inattendus, cela tient bien plus à la perfection de l'organe de l'ouïe qu'à la perfection de l'instrument lui-même.»

M. Demoget attribue cette déperdition du travail produit dans le téléphone, surtout aux huit transformations successives que subit le son avant d'arriver à l'oreille, sans parler de celle qui est due à la résistance électrique de la ligne et qui, à elle seule, peut absorber toute l'énergie.

Pour se rendre compte de la force des courants induits qui actionnent un téléphone, M. Demoget a cherché à les comparer à des courants d'une intensité connue, produisant des vibrations de même nature et de même force, et pour cela il a mis à contribution deux téléphones A et B en communication au moyen d'une ligne de 20 mètres de longueur. Près de la plaque vibrante du téléphone A, il a appuyé légèrement une petite lime sur laquelle on frottait avec une lame métallique; le bruit ainsi produit, était naturellement transmis par le téléphone B avec une certaine intensité qu'on pouvait apprécier. Il a ensuite remplacé le téléphone A par une pile, et la lime était introduite dans le circuit en la reliant à l'un des pôles. Le courant ne pouvait être fermé qu'en frottant la lime au moyen de la lame de ressort mise en communication avec l'autre extrémité du circuit. Mais on pouvait obtenir ainsi des courants interrompus qui, en faisant vibrer le téléphone B, produisaient un bruit dont l'intensité variait avec la force du courant de la pile. En cherchant l'intensité électrique capable de fournir de cette manière un son équivalant à celui produit par le téléphone A, M. Demoget a reconnu qu'elle correspondait à celle que fournit une petite pile thermo-électrique constituée par un fil de fer et un fil de cuivre de deux millimètres de diamètre, aplatis à leur extrémité et soudés à l'étain; le faible courant résultant de cette pile ne faisait dévier que de deux degrés un galvanomètre à fil court.

Cette estimation ne nous paraît pas toutefois

réunir assez de conditions d'exactitude pour qu'on puisse en déduire le degré de sensibilité du téléphone, sensibilité qui, d'après les expériences de MM. Warren de la Rue, Brough, Peirce, est infiniment plus grande. M. Warren de la Rue, en effet, comme on l'a déjà vu, a reconnu au moyen du galvanomètre de Thomson, et en ramenant à la déviation fournie sur l'échelle de ce galvanomètre celle déterminée par un élément Daniell traversant un circuit complété par un Rhéostat, que les courants émis par un téléphone ordinaire de Bell sont équivalents à celui d'un élément Daniell traversant 100 megohms de résistance, c'est-à-dire dix millions de kilomètres de fil télégraphique. Suivant M. Brough, le directeur des télégraphes de l'Inde, le plus fort courant qui, à un moment donné, fait fonctionner le téléphone Bell, n'excède pas 1/1.000.000.000 de l'unité de courant, c'est-à-dire, de un Weber, et le courant qui fait agir les relais dans l'Inde a 400 000 fois cette force. Enfin, le professeur Peirce, de Boston, compare les effets du courant téléphonique à ceux qui seraient produits par une source électrique dont la force électro-motrice serait la 1/200.000 partie d'un volt, ou de celle d'un élément Daniell. Du reste, comme l'observe M. Peirce, il est difficile de fixer un chiffre exact pour estimer la valeur réelle de ces sortes de courants, car elle est essentiellement variable suivant l'intensité des sons produits sur le téléphone transmetteur; mais on peut affirmer qu'elle est moindre que la 1/1.000.000 partie du courant employé ordinairement pour faire fonctionner les appareils télégraphiques sur les lignes.

Expériences de M. Hellesen, de Copenhague.—Pour se rendre compte des effets réciproques produits par les différentes parties d'un téléphone, M. Hellesen a construit des téléphones de mêmes dimensions avec trois dispositions différentes et inverses les unes des autres. Il en a d'abord établi une dans les conditions ordinaires, puis une autre dans les conditions du premier système de Bell, c'est-à-dire, en employant pour lame vibrante une membrane portant à son centre une petite armature de fer, et enfin la troisième disposition mettait à contribution un aimant cylindrique creux, à l'un des pôles duquel était fixée la lame vibrante, laquelle pouvait se mouvoir devant une spirale plate en limaçon, présentant le même nombre de spires que les deux autres hélices. Dans cette dernière disposition, les courants induits résultant des vibrations de la voix pouvaient être assimilés à ceux qui seraient la conséquence du rapprochement et de l'éloignement de deux spirales parallèles, dont une serait parcourue par un courant. Or, de ces trois dispositions, c'est celle qui a été adoptée par Bell, qui a fourni les meilleurs effets, et c'est un résultat réellement bien rare dans l'histoire des découvertes, qu'un inventeur soit arrivé du premier coup à la meilleure disposition à donner à son instrument.

Expériences de M. Zetzche. Il est toujours un certain noyau d'esprits de travers qui veulent nier l'évidence, le plus souvent pour faire acte de contradiction, et qui croient ainsi diminuer l'importance d'une découverte dont le retentissement les exaspère. Le téléphone et le phonographe ont été l'objet de ces critiques de mauvais aloi. Ne s'est-on pas avisé de dire que l'action électrique n'entrait pour rien dans les effets produits par le téléphone, et qu'il fonctionnait toujours sous l'influence de vibrations mécaniques transmises par le fil conducteur, absolument comme cela a lieu dans les téléphones à ficelle!!.. On a eu beau démontrer à ces esprits avisés que quand l'un des fils du circuit était interrompu, aucun son n'était produit, cette démonstration ne leur a pas suffi, et pour détruire toute objection de leur part, M. Zetzche a fait des expériences dans lesquelles il a démontré, par le mode même de la propagation du son, que l'idée d'attribuer le son produit dans un téléphone à une vibration mécanique est tout simplement absurde. Voici en effet ce qu'il dit à cet égard dans un article inséré dans le *Journal télégraphique* de Berne du 25 janvier 1878.

«La correspondance par téléphone entre Leipzig et Dresde a fourni une nouvelle preuve que c'est bien par les courants électriques et non par la propagation purement mécanique des sons que se reproduisent les mots à la station de réception. La vitesse de propagation du son dans le fer (pour les ondulations longitudinales), pouvant être évaluée à 5 kilomètres par seconde, le son devrait parcourir la distance de Leipzig à Dresde en 115/5 c'est-à-dire en 23 secondes. Jusqu'à l'arrivée de la réponse il devrait s'écouler au moins autant de secondes. Par conséquent, dans chaque changement de direction de la correspondance, il devrait donc intervenir un intervalle de plus de 3/4 de minute, ce qui n'est point du tout le cas.»

Expérience que tout le monde peut faire.— Nous terminerons ce chapitre consacré à l'exposé des diverses expériences faites avec le téléphone, par l'indication d'une expérience curieuse qui, bien que très-facile à répéter, n'a été signalée qu'il y a quelques mois par les journaux de Pennsylvanie. Il s'agit de la transmission de la parole par un téléphone simplement appliqué sur l'une des parties du corps humain voisines de la poitrine. On a même prétendu que toutes les parties du corps pouvaient produire ce résultat; mais dans les expériences que j'ai faites je n'ai pu réussir que quand le téléphone était fortement appliqué sur ma poitrine. Dans ces conditions, et à travers même mes vêtements, j'ai pu me faire entendre, mais en parlant à voix très-haute, ce qui ferait supposer que le corps de l'homme participe tout entier aux vibrations provoquées par la voix. Dans ce cas, les vibrations sont transmises mécaniquement au diaphragme du téléphone transmetteur, non plus par l'air mais par le corps lui-même agissant sur la coque du téléphone.[Table des Matières]

LE MICROPHONE.

Le microphone n'est en réalité qu'un transmetteur de téléphone à pile, mais avec des caractères tellement particuliers qu'il constitue par le fait une invention originale qui méritait bien d'être désignée sous un nom particulier. Dans ces derniers temps il s'est élevé, à l'occasion de cette invention, entre M. Hughes, son auteur, et M. Edison, l'inventeur du téléphone à charbon et du phonographe, une contestation regrettable que les journaux ont envenimée et qui n'avait pas réellement sa raison d'être; car, en définitive si le principe physique du microphone peut paraître le même que celui du transmetteur téléphonique à charbon de M. Edison, sa disposition est tout à fait différente, la manière d'agir sur lui n'est pas la même, et les effets qu'on lui demande généralement sont d'une toute autre nature. C'est plus qu'il n'en faut pour constituer une invention nouvelle. D'ailleurs si on voulait bien examiner à fond le principe même de l'instrument, on pourrait s'étonner des prétentions que M. Edison a élevées. En effet M. Edison ne peut pas réclamer comme lui appartenant la découverte de la propriété que possèdent certains corps médiocrement conducteurs d'avoir leur conductibilité modifiée par la pression. J'ai fait dès l'année 1856 et à diverses autres époques, par exemple en 1864, 1872, 1875, de nombreuses expériences à cet égard, qui sont consignées dans le tome I de la seconde édition de mon exposé des applications de l'électricité, p. 246[21] et dans plusieurs notes présentées à l'Académie des sciences et insérées aux comptes rendus. D'un autre côté, M. Clérac s'était servi en 1865 d'un tube muni de plombagine avec une électrode mobile pour produire des résistances variables dans un circuit télégraphique. D'ailleurs, dans le transmetteur téléphonique de M. Edison, le disque de charbon doit être, comme on l'a vu, soumis à une certaine pression initiale afin que le courant ne soit pas interrompu par suite des vibrations de la lame contre laquelle il appuie, et il en résulte que les modifications de résistance du circuit qui donnent lieu aux sons articulés, ne sont produites que par des augmentations ou des diminutions plus ou moins grandes de pression, c'est-à-dire par des actions différentielles. Or nous allons voir à l'instant qu'il n'en est pas de même pour le microphone. D'abord, dans ce dernier appareil, le contact du charbon s'effectue sur d'autres charbons et non avec des disques de platine, et ces contacts sont multiples; en second lieu, la pression exercée sur tous les points de contact est excessivement légère, ce qui fait qu'on peut faire varier les résistances dans un rapport infiniment plus grand que dans le système de M. Edison, et c'est précisément ce qui permet d'amplifier les sons; en troisième lieu on peut employer d'autres corps que le charbon pour constituer un microphone; enfin pour faire agir le microphone, il n'est pas besoin de lame vibrante; le simple intermédiaire de l'air suffit, et c'est ce qui permet de faire fonctionner cet appareil à une distance assez grande de lui. Nous ne voyons donc pas de raisons qui aient pu motiver la réclamation de M. Edison et surtout les termes dont il s'est servi à l'égard de MM. Preece et Hughes qui sont des hommes considérables dans la science et très-respectables sous tous les rapports. Nous regrettons, je le répète encore, cette triste sortie de M. Edison qui ne peut que lui faire du tort, et qui n'est pas digne d'un inventeur de sa taille. Si maintenant envisageant la question sous un autre aspect, nous demandions à M. Edison pourquoi, puisqu'il a inventé le microphone, n'en a-t-il pas fait connaître les propriétés et les résultats?... Quelle réponse pourrait-il faire? Il fallait pourtant que ces résultats fussent bien saisissants puisque le microphone est devenu en peu de jours l'objet de la préoccupation du monde entier; or il est évident pour nous qu'avec le génie perspicace du célèbre inventeur Américain il aurait fait valoir cette découverte s'il l'eût faite réellement, et il en aurait évidemment tiré parti. Ce qui peut justifier la réclamation de M. Edison, c'est que, n'étant pas au courant des découvertes purement scientifiques faites en Europe, il a cru que son invention résidait toute entière dans le principe sur lequel elle repose et qu'il croyait avoir découvert.

Dans l'appareil de M. Hughes, que nous étudions en ce moment, les sons, au lieu d'arriver très-affaiblis à la station de réception, comme cela a lieu avec les téléphones ordinaires, même avec celui de M. Edison, y sont comme je l'ai déjà dit, le plus souvent reproduits avec une amplification notable, et de là le nom de *microphone* que M. Hughes a donné à ce système téléphonique; on peut par conséquent l'employer à révéler des sons très-faibles. Cependant nous devons le dire dès à présent, cette amplification n'existe réellement que quand ces sons résultent de vibrations transmises mécaniquement à l'appareil transmetteur par des corps solides. Les sons propagés par l'air sont sans doute un peu plus intenses qu'avec le système ordinaire, mais ils le sont moins que ceux qui leur donnent naissance, et, en conséquence, on ne peut pas dire dans ce cas que le microphone agit par rapport aux sons comme le microscope le fait par rapport aux objets éclairés par la lumière. Il est vrai qu'avec ce système on peut parler de loin dans l'appareil, et j'ai pu même transmettre de cette manière une conversation à voix élevée étant placé à huit mètres du microphone. J'ai pu encore parler à voix basse près de ce dernier et me faire entendre parfaitement dans l'appareil récepteur, et même faire arriver les sons à une distance de dix à quinze centimètres de l'embouchure du téléphone récepteur, en élevant un peu la voix; mais l'amplification du son n'est réellement bien manifeste que quand celui-ci résulte d'une action mécanique transmise au support de l'appareil. Ainsi les pas d'une mouche marchant sur ce support s'entendent parfaitement et vous donnent la sensation du piétinement d'un cheval, le cri même de la mouche, surtout son cri de mort devient, suivant M. Hughes, perceptible; le frôlement d'une barbe de plume ou d'une étoffe sur la planche de l'appareil, bruits complétement imperceptibles à l'audition directe, s'entendent d'une manière marquée dans le téléphone. Il en est de même des battements d'une montre posée sur le support de l'appareil, que l'on entend même à dix ou quinze centimètres du récepteur. Une petite boîte à musique placée sur l'instrument donne des sons tellement forts par suite des trépidations qui l'agitent, qu'il est impossible de distinguer les sons, et pour les percevoir, il faut disposer la boîte près de l'appareil sans qu'elle soit en contact avec aucune de ses parties constituantes. C'est alors par les vibrations de l'air que l'appareil est impressionné, et les sons transmis sont plus faibles que ceux que l'on entend près de la boîte. En revanche les vibrations déterminées par le balancier d'une pendule mise en communication par une tige métallique avec le support de l'appareil, s'entendent admirablement, et on peut même les distinguer quand cette liaison est effectuée par l'intermédiaire d'un fil de cuivre. Un courant d'air projeté sur le système donne la sensation d'un écoulement liquide perçu dans le lointain. Enfin les trépidations causées par le passage d'une voiture dans la rue se traduisent par des bruits crépitants très-intenses qui se combinent à ceux d'une montre que l'on écoute et qui souvent prédominent.

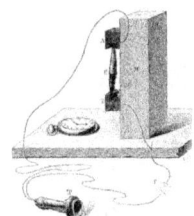

Fig. 36.

Différents systèmes de microphones.—Le microphone a été combiné de plusieurs manières, mais la disposition qui a donné à l'instrument le plus de sensibilité est celle que nous représentons fig. 36. Dans ce système, on adapte l'un au-dessus de l'autre sur un prisme vertical de bois M, deux petits cubes de charbon A, B, dans lesquels sont percés deux trous servant de crapaudines à un crayon de charbon C en forme de fusée, c'est-à-dire avec des pointes émoussées par les deux bouts, et d'une longueur d'environ quatre centimètres; il ne faut pas qu'il soit trop grand afin d'avoir peu d'inertie. Ce crayon appuie par une de ses extrémités dans le trou du charbon inférieur et doit ballotter dans le trou supérieur qui ne fait que le maintenir dans une position plus ou moins rapprochée de celle de l'équilibre instable, c'est-à-dire de la verticale. En imprégnant ces charbons de mercure par leur immersion à la température rouge dans un bain de mercure, les effets, suivant M. Hughes, sont meilleurs, mais ils peuvent très-bien se produire sans cela. Les deux cubes de charbon sont d'ailleurs munis de contacts métalliques qui permettent de les mettre en rapport avec le circuit d'un téléphone ordinaire, dans lequel est interposée une pile Leclanché de 1 ou 2 éléments ou mieux de 3 éléments Daniell avec une résistance additionnelle intercalée dans le circuit.

Pour faire usage de l'appareil, on le place avec la planche qui lui sert de support sur une table en ayant soin d'interposer entre cette planche et la table, pour amortir les vibrations étrangères, plusieurs doubles d'étoffe disposés de manière à former coussin ou, ce qui est mieux, une bande de ouate ou deux tubes de caoutchouc; alors il suffit de parler devant le système, pour qu'aussitôt la parole soit reproduite dans le téléphone, et si l'on place sur la planche support la montre dont il a été question ou une boîte dans laquelle est renfermée une mouche, tous ses mouvements sont entendus. L'appareil est si sensible que c'est à voix peu élevée que la parole s'entend le mieux, et on peut, comme je l'ai déjà dit, l'entendre en parlant à une distance de huit mètres du microphone. Toutefois, quelques précautions doivent être prises pour obtenir les meilleurs résultats avec ce système, et, en outre des coussins que l'on place sous l'appareil, pour le soustraire aux vibrations étrangères qui pourraient résulter de mouvements insolites communiqués à la table, il faut encore régler la position du crayon de charbon. Celui-ci doit en effet toujours appuyer en un point du rebord du trou supérieur, mais comme le contact peut être plus ou moins bon, l'expérience seule peut indiquer la meilleure position à lui donner, et pour la trouver on peut employer avantageusement le moyen de la montre. On met alors le téléphone à l'oreille et on place le crayon dans diverses positions jusqu'à ce qu'on ait trouvé celle donnant les effets maxima. Pour éviter ce réglage, qui, avec la disposition précédente, doit être souvent répété, MM. Chardin et Berjot, qui construisent habilement ce modèle de téléphone, lui ont ajouté une petite lame de ressort dont la pression peut être réglée et qui appuie contre le charbon vertical lui-même. Ce système est très-bon.

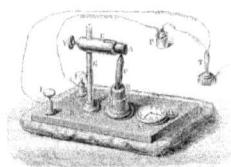

Fig. 37.

M. Gaiffe de son côté a donné une forme plus élégante à l'appareil en le construisant comme un appareil de physique. La figure 37 représente l'un des deux modèles qu'il a combinés. Dans ce modèle, les cubes ou dés de charbon A et B sont soutenus par des porte-charbons métalliques, dont l'un, E, le supérieur, est mobile sur une colonne de cuivre G et peut être placé dans telle position qu'il convient à l'aide d'une vis de pression V. On peut de cette manière incliner plus ou moins le crayon de charbon et augmenter à volonté la pression qu'il exerce sur le charbon supérieur. Quand le crayon est vertical, l'appareil transmet difficilement les sons articulés, en raison de l'instabilité du point de contact, et des bruissements de toute nature se font entendre; quand il est trop incliné, les sons sont plus purs et plus distincts, mais l'appareil est moins sensible. Il est un degré d'inclinaison qui doit être recherché, et l'expérience l'indique facilement. Dans un autre modèle, M. Gaiffe substitue au crayon de charbon une lame carrée et très-mince de la même matière, taillée en biseau sur ses côtés inférieur et supérieur et pivotant dans une rainure pratiquée dans le charbon inférieur. Cette lame ne fait qu'appuyer contre le charbon supérieur sous une légère inclinaison, et dans ces conditions il transmet beaucoup plus fortement et plus distinctement la parole.

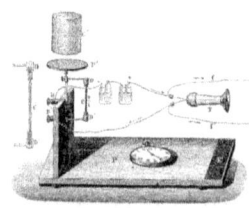

Fig. 38.

Je dois encore parler d'une autre disposition

combinée par le capitaine du génie Carette qui a donné pour les sons non articulés d'excellents résultats. Le charbon vertical a alors la forme d'une poire et repose par son bout le plus gros dans un large trou fait dans le charbon inférieur; son bout supérieur qui est pointu, vient s'engager dans un petit trou pratiqué dans le charbon supérieur, mais de manière à ne le toucher qu'à peine, et une vis de réglage permet de rapprocher plus ou moins ces deux charbons. Dans ces conditions, les contacts sont si instables qu'un rien peut les supprimer, et alors les variations dans l'intensité du courant transmis sont si fortes que les sons produits par le téléphone peuvent s'entendre à plusieurs mètres.

La figure 38 représente une autre disposition combinée par M. Ducretet. Les deux dés de charbon sont en D, D', le charbon mobile en C, le téléphone en T et les boutons d'attache du circuit en B, B'. Un détail du dispositif des charbons se voit à gauche de l'appareil. Le bras qui porte le charbon supérieur D est adapté à une tige munie d'un plateau P' à surface rugueuse, et une petite cage C' en toile métallique que l'on pose sur ce plateau permet d'étudier les mouvements d'insectes vivants.

Fig. 39.

Quand il s'agit de transmettre la parole assez fortement pour qu'un téléphone puisse se faire entendre dans toute une salle, le microphone doit avoir une disposition particulière, et la figure 39 représente celle qui a donné à M. Hughes les meilleurs résultats; il donne alors à l'appareil le nom de *parleur*.

Sous cette nouvelle forme le charbon mobile appelé à produire les contacts variables est adapté en C, à l'extrémité d'une bascule horizontale BA pivotant en son point milieu et convenablement équilibrée. Le support sur lequel cette bascule oscille est adapté à l'extrémité d'une lame de ressort pour rendre l'appareil plus susceptible de vibrer, et le charbon inférieur est placé en D au-dessous du premier. Il est constitué par deux fragments superposés afin d'augmenter la sensibilité de l'appareil, et nous avons représenté en E le fragment supérieur qui est soulevé pour montrer qu'on peut employer à volonté un seul des deux charbons. Ce charbon E, se trouve, à cet effet collé à une petite lame de papier fixée à la planchette et qui sert d'articulation. Un ressort antagoniste R, dont on peut régler la tension au moyen d'une vis *t*, permet de régler la pression des deux charbons. M. Hughes recommande l'emploi de charbons en sapin métallisé[22]. Le tout est ensuite recouvert d'une enveloppe semi-cylindrique HIG en bois blanc, dont les parois sont très-minces surtout les deux bases, et on fixe le système accompagné d'un autre semblable dans une boîte plate MJLI qui présente du côté MI une ouverture devant laquelle on parle, en ayant soin de placer la lèvre inférieure à deux centimètre du fond de la boîte. Si les deux microphones sont réunis en quantité et si la pile employée se compose de deux éléments à bichromate de potasse, on agit assez fortement sur le courant, pour que, passant à travers une bobine d'induction de six centimètres seulement de longueur, il puisse faire parler un téléphone du modèle carré de Bell, de manière à être entendu de tous les points d'une salle. Il faut par exemple lui adapter un porte-voix de près d'un mètre de longueur. M. Hughes prétend que les sons produits dans ces conditions sont à peu près aussi élevés que ceux du phonographe, et M. W. Thomson m'a confirmé ce fait.

Le microphone peut être aussi constitué par des fragments de charbon entassés dans une boîte entre deux électrodes métalliques, ou enfermés dans un tube avec deux électrodes représentées par deux fragments de charbon allongés. Dans ce dernier cas, les charbons doivent autant que possible être cylindriques, et ceux que construit M. Carré pour les bougies Jablochkoff sont très-bons pour cela. Nous représentons fig. 40 un appareil de ce genre que j'ai fait disposer en instrument par M. Gaiffe, et qui peut, comme nous le verrons à l'instant, servir de thermoscope. Cet instrument est représenté fig. 41 et se compose d'un tuyau de plume rempli de fragments de charbon, dont ceux qui occupent les deux bouts sont montés dans des garnitures métalliques. L'une de ces garnitures se termine par une vis à large tête qui permet, au moyen des supports A, B, de pousser plus ou moins les charbons dans le tube et, par conséquent, d'établir un contact plus ou moins intime entre les divers fragments de charbon. Quand cet appareil est convenablement réglé, il suffit de parler au-dessus du tube pour que la parole soit reproduite. C'est donc un microphone aussi bien qu'un thermoscope. Une chose réellement curieuse que M. Hughes a remarquée, c'est que si on prononce séparément les différentes lettres de l'alphabet devant cette sorte de microphone, on constate qu'il en est qui se font beaucoup mieux entendre que d'autres, et ce sont précisément celles qui correspondent aux aspirations de la voix.

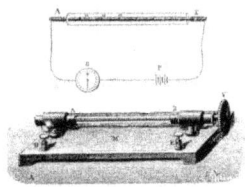 Fig. 40 et 41.

On peut encore obtenir un microphone de ce genre en remplaçant les fragments de charbon par des poussières plus ou moins conductrices, des limailles métalliques même. J'ai démontré, en effet, dans mon mémoire sur la conductibilité des corps médiocrement conducteurs, que le pouvoir conducteur de ces poussières varie d'une manière considérable avec la pression et avec la température, et comme le microphone est fondé sur les différences de conductibilité résultant des différences de pression, on comprend facilement que ce moyen puisse être employé comme organe de transmission téléphonique. Dans une disposition récente de ce système, M. Hughes a aggloméré ces poussières avec une sorte de gomme, et il en a formé un crayon cylindrique qui, étant relié à deux électrodes bonnes conductrices, a pu fournir des effets analogues à ceux dont nous avons parlé précédemment. Comme on l'a vu, toutes les limailles métalliques peuvent être employées, mais M. Hughes donne la préférence à la poussière de charbon.

D'après M. Blyth, une boîte plate d'environ quinze pouces sur neuf, remplie de ces charbons échappés à la combustion que l'on appelle en Angleterre *cinders gas*, et aux deux extrémités de laquelle sont fixées deux électrodes de fer-blanc, est une des meilleures dispositions de microphones. Suivant lui, trois de ces appareils suspendus comme des tableaux contre les murs d'une chambre auraient suffi, sous l'influence d'un seul élément Leclanché, pour faire entendre dans le téléphone tous les bruits produits dans la chambre, et surtout les airs chantés. M. Blyth prétend même qu'on peut construire un microphone capable de transmettre la parole avec un simple charbon relié au fil du circuit par ses deux bouts, mais il faut que ce charbon soit un cinder gas; un charbon de cornue pourvu de pinces d'attache à ses deux extrémités, ne pourrait produire cet effet.

L'un des effets les plus intéressants de ces sortes de microphones, c'est qu'ils peuvent fonctionner sans pile, du moins, si on les dispose de manière à former eux-mêmes l'élément voltaïque, et pour cela, il suffit de verser de l'eau sur les charbons. M. Blyth qui a parlé le premier de ce système, n'indique pas nettement sa disposition, et on peut supposer que son appareil n'était autre que celui que nous avons décrit précédemment, auquel il aurait ajouté de l'eau. J'ai répété cette expérience en employant des électrodes *zinc* et *cuivre* et des fragments un peu gros de charbon de cornue, et j'ai parfaitement réussi. J'ai, en effet, pu transmettre de cette manière, non-seulement tous les sons de la montre et de la boîte à musique, mais encore la parole qui se trouvait même souvent plus nettement exprimée qu'avec un microphone ordinaire, car on n'entendait pas les crachements qui accompagnent souvent les transmissions téléphoniques de ce dernier. M. Blyth prétend aussi que l'on peut obtenir de cette manière la transmission des sons sans que l'appareil soit pourvu d'eau; mais il croit que c'est à l'humidité de l'haleine de celui qui parle qu'il faut attribuer ce résultat. Il est certain qu'il ne faut pas beaucoup d'humidité pour mettre en action un couple voltaïque, surtout quand on a pour appareil révélateur un téléphone. Du reste le microphone ordinaire peut être lui-même employé sans pile, si le circuit dans lequel il est interposé est en communication avec le sol par l'intermédiaire de plaques de terre; les courants telluriques qui traversent alors le circuit sont suffisants pour que les battements d'une montre posée sur le microphone soient parfaitement perceptibles. M. Cauderay, de Lausanne, dans une note envoyée à l'Académie des sciences, le 8 juillet 1878, annonce qu'il a fait cette expérience sur un fil télégraphique réunissant l'hôtel des Alpes à Montreux, à un chalet situé à 500 mètres de là, sur la colline.

Le microphone employé comme organe parlant.—Le microphone peut non-seulement transmettre la parole, mais il peut encore dans certaines conditions la reproduire et être substitué par conséquent au téléphone récepteur. Cette fois c'est à n'y rien comprendre, car c'est seulement dans des variations d'intensité de courant qu'il faut chercher une cause du mouvement vibratoire produit dans l'une des parties du circuit lui-même, et il n'y a plus alors à invoquer des effets d'attraction et d'aimantation. Est-ce aux répulsions qu'exercent entre eux les éléments contigus d'un même courant qu'il faut rapporter cette action? Ou bien faut-il la considérer comme étant de la même nature que celle qui fait émettre des sons à un fil de fer lorsqu'il est traversé par un courant interrompu? un courant électrique est-il lui-même un mouvement vibratoire, comme l'admet M. Hughes? Voilà des questions auxquelles il est bien difficile de répondre dans l'état actuel de la science; toujours est-il que le fait existe, et ce sont MM. Hughes, Blyth et Robert, H. Courtenay et même M. Edison, qui, chacun de leur côté, viennent de le faire connaître; moi-même j'ai pu le vérifier dans les conditions expérimentales indiquées par M. Hughes, mais je n'ai pas été aussi heureux quand j'ai voulu répéter les expériences de M. Blyth. Suivant ce savant il suffirait, pour entendre la parole dans le microphone, d'employer le modèle à fragments de charbon dont nous avons parlé précédemment, d'y joindre comme appareil transmetteur un second microphone du même genre, et d'introduire dans le circuit une pile de deux éléments de Grove. Alors si on parle au-dessus des charbons de l'un des microphones, on devrait entendre distinctement la parole en approchant l'oreille du second, et l'importance des sons ainsi reproduits serait en rapport avec l'intensité de la source électrique employée. Toutefois, comme je le disais, je n'ai pu, en m'y prenant de cette manière, entendre aucun son et encore moins la parole, et si d'autres expériences ne m'avaient pas convaincu, j'aurais douté de l'authenticité du fait annoncé. Mais cette expérience négative ne prouve en définitif rien, car il est possible que je me sois placé dans de mauvaises conditions, et que les *escarbilles* que j'employais ne fussent pas dans les mêmes conditions que les *cinders gas* de M. Blyth.

Quant aux expériences de M. Hughes, je les ai répétées avec le microphone de MM. Chardin et Berjot, relié avec celui de M. Gaiffe employé comme transmetteur, et j'ai reconnu qu'avec une pile de quatre éléments Leclanché, seulement, tous les grattements effectués sur le microphone de M. Gaiffe et même les trépidations et les airs résultant du jeu d'une petite boîte à musique placée sur cet appareil, étaient reproduits, très-faiblement il est vrai, dans le second microphone; pour les percevoir il suffisait de coller l'oreille contre la planchette verticale. La parole n'était pas reproduite il est vrai, mais M. Hughes m'en avait prévenu; l'appareil ainsi disposé n'était pas évidemment assez sensible.

 Fig. 42.

Pour reproduire la parole par ce système et pour la transmettre, il faut une autre disposition du microphone, et celle qui a donné les meilleurs résultats à M. Hughes est représentée, vue en coupe, figure 42. C'est un peu le microphone parleur de M. Hughes, disposé verticalement et dont le charbon fixe est collé au centre de la membrane tendue d'un téléphone à ficelle. Le cornet de ce téléphone est représenté en A, la membrane en DD, et le charbon en question en C; ce charbon est en sapin carbonisé et métallisé ainsi que le double charbon E qui est en contact avec lui et qui est adapté à l'extrémité supérieure de la bascule GI. Le tout est renfermé dans une petite boîte, et on règle la pression exercée au contact des deux charbons au moyen d'un ressort antagoniste R et d'une vis H. C'est alors le cornet du téléphone qui sert de cornet acoustique, et c'est le parleur de M. Hughes décrit page 169 qui sert de transmetteur pour entendre. Inutile de dire que deux appareils de ce genre sont placés aux deux bouts du circuit, que les charbons sont reliés aux deux pôles d'une pile de deux éléments à bichromate de potasse ou de Bunsen ou de six éléments de Leclanché, et que les deux appareils sont reliés par le fil de ligne.

Dans ces conditions, une conversation peut être échangée, mais les sons sont toujours beaucoup moins accentués que dans le téléphone.

J'ai pu constater ce fait avec un appareil grossier apporté d'Angleterre par M. Hughes. MM. Berjot, Chardin et de Méritens qui étaient présents aux expériences, ont pu comme moi parfaitement entendre la parole, et j'ai depuis répété moi-même l'expérience avec succès; mais elle ne réussit pas toujours et, dans ses conditions actuelles, l'appareil ne présente d'importance qu'au point de vue scientifique. On le construit chez MM. Chardin et Berjot.

On comprend facilement que l'appareil peut se passer de support, et la petite boîte forme alors le manche de l'instrument; les deux boutons d'attache sont disposés dans ce cas au bout de ce manche, comme dans un téléphone.

Les effets du microphone récepteur expliquent les sons souvent très-intenses déterminés par les bougies Jablochkoff quand elles sont actionnées par des machines magnéto-électriques. Ces sons vibrent toujours à l'unisson de ceux émis par la machine elle-même, et ceux-ci proviennent, comme je l'ai déjà démontré, des aimantations et des désaimantations rapides des organes magnétiques qui sont mis en jeu par cette machine. Ces effets, remarqués par M. Marcel Deprez, étaient particulièrement caractérisés avec les premières machines de M. de Méritens.

Autres dispositions de microphones.—Une disposition du genre de celle que nous venons de décrire a été employée par M. Carette pour constituer un parleur microphone extrêmement énergique; seulement au lieu d'une membrane tendue, il emploie une plaque métallique mince; il colle l'un des charbons au centre de cette plaque et adapte devant lui l'autre charbon qui est taillé en pointe et porté par un système de porte-charbon à vis de réglage au moyen duquel on peut régler comme on le veut la pression exercée entre les deux charbons. Avec cette disposition, la parole peut être entendue à distance du téléphone récepteur. Elle est, du reste, analogue à celle du transmetteur téléphonique de M. Edison.

En exécutant dans de grandes dimensions le système représenté, fig. 42, et formant le cornet AB avec un grand entonnoir en zinc de près de un mètre de longueur, M. de Méritens a pu parvenir à amplifier assez les sons de la parole pour qu'une conversation faite à voix basse à trois ou quatre mètres de cet instrument, ait été reproduite dans un téléphone d'une manière plus sonore et plus distincte. L'appareil était placé sur le plancher de l'appartement, l'ouverture de l'entonnoir en haut, et le téléphone était dans les caves de la maison.

On a du reste varié de mille manières la forme du microphone suivant les applications auxquelles on veut l'appliquer. C'est ainsi que nous voyons dans l'*English Mechanic and World of Science*, du 28 juin 1878, les dessins de plusieurs dispositions dont l'une est spécialement applicable à l'audition des pas d'une mouche; c'est une boîte à la partie supérieure de laquelle est tendue une feuille de papier végétal; deux charbons séparés par un petit morceau de bois et mis en rapport avec les deux fils du circuit y sont collés, et un troisième charbon allongé, placé en croix sur les deux autres, se trouve maintenu dans cette position par une rainure pratiquée dans ceux-ci. Une pile très-faible suffit pour faire fonctionner cet appareil, et la mouche se promenant sur la feuille de papier détermine des vibrations assez fortes pour faire réagir énergiquement un téléphone ordinaire. Il faut alors recouvrir l'appareil d'un globe de verre. En plaçant une montre sur la membrane et en ayant soin d'appuyer son bouton sur le morceau de bois séparant les deux charbons, le bruit de ses battements peut être entendu dans toute une salle. On peut encore, au lieu de l'arrangement de charbons décrit plus haut, employer deux cubes de charbon juxtaposés et séparés seulement par une carte à jouer. Une cavité semi-sphérique pratiquée à la partie supérieure de cette masse entre les deux charbons et dans laquelle on place quelques petites boules de charbon d'une grosseur intermédiaire entre celle d'un pois et celle d'une graine de moutarde, permet d'obtenir des contacts multiples excessivement mobiles et éminemment propres à des transmissions téléphoniques. Ces dispositions ont été combinées par M. T. Cuttriss.

Il est encore beaucoup d'autres dispositions de microphones imaginées par différents constructeurs et inventeurs qui donnent des résultats plus ou moins satisfaisants, telles sont celles de MM. Varey, Trouvé, Vercker, de Combettes, Loiseau, etc., etc., mais comme elles se rapprochent plus ou moins des types que nous avons déjà décrits, nous n'en parlerons pas davantage.

Expériences faites avec le microphone.—Il me reste maintenant à indiquer les expériences intéressantes qui ont conduit M. Hughes à l'instrument remarquable dont nous venons de parler, et celles qui ont été entreprises par d'autres savants, soit au point de vue scientifique, soit au point de vue pratique.

Considérant que la lumière et la chaleur peuvent modifier la conductibilité électrique des corps, M. Hughes s'est demandé si des vibrations sonores transmises à un conducteur traversé par un courant ne modifieraient pas aussi cette conductibilité en provoquant des contractions et des dilatations des molécules conductrices, qui équivaudraient à des raccourcissements ou à des allongements du conducteur ainsi impressionné. Si cette propriété existait réellement, elle devrait permettre de transmettre les sons à distance, car de ces variations de conductibilité devaient résulter des variations proportionnelles de l'intensité d'un courant agissant sur un téléphone. L'expérience qu'il fit sur un fil métallique tendu n'a pas répondu toutefois à son attente, et ce n'est que quand le fil dut vibrer assez fortement pour se rompre, qu'il entendit un son au moment de la rupture. En rejoignant les deux bouts du fil, un son se produisit encore, et il reconnut bientôt que pour en obtenir, il suffisait d'un contact imparfait entre les deux bouts disjoints du fil. Il devint dès lors manifeste, pour M. Hughes, que les effets qu'il prévoyait ne pouvaient se produire qu'avec un conducteur divisé, et par suite de contacts imparfaits.

Il rechercha alors quel était le degré de pression le plus convenable à exercer entre les deux bouts rapprochés du fil pour obtenir le maximum d'effet, et pour cela il effectua cette pression à l'aide de poids. Il reconnut que, quand elle était légère et qu'elle ne dépassait pas celle d'une once par pouce carré, au point de jonction, les sons étaient reproduits distinctement, mais d'une manière un peu imparfaite; en modifiant les conditions de l'expérience, il put s'assurer bientôt qu'il n'était pas nécessaire, pour obtenir ce résultat, que les fils fussent réunis bout à bout, et qu'ils pouvaient être placés côte à côte sur une planche ou même séparés (mais avec addition d'un conducteur posé en croix sur eux), pourvu que les métaux en contact fussent du fer et qu'une pression légère et constante pût les réunir métalliquement. L'expérience fut faite avec trois pointes de Paris disposées comme on le voit fig. 43, et elle a été répétée depuis, dans de meilleures conditions par M. Willoughby-Smith, avec trois limes dites queues-de-rat qui permirent de transmettre le bruit d'une faible respiration[23].

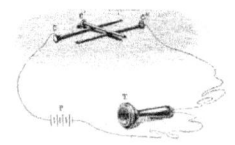 Fig. 43.

Il essaya ensuite différentes combinaisons de ce genre présentant plusieurs solutions de continuité, et une chaîne d'acier lui fournit d'assez bons résultats; mais les légères inflexions, c'est-à-dire le timbre de la voix, manquaient, et il dut chercher d'autres dispositions. Il essaya d'abord d'introduire aux points de contacts des poudres métalliques; la poudre de zinc et d'étain connue dans le commerce sous le nom de *bronze blanc*, améliora beaucoup les effets obtenus; mais ils n'étaient pas stables à cause de l'oxydation des contacts, et c'est en essayant de résoudre cette difficulté, ainsi qu'en cherchant la disposition la plus simple pour obtenir une pression légère et constante sur ces contacts, que M. Hughes fut conduit à la disposition des charbons mercurisés décrite précédemment[24], laquelle donna les effets maxima.

L'importance de l'effet obtenu dans le microphone dépend du reste, d'après M. Hughes, du nombre et de la perfection des contacts, et c'est sans doute pour cela que certaines positions du crayon, dans l'appareil qui a été décrit plus haut, sont plus favorables que d'autres.

Pour concilier les résultats de ses expériences avec les idées qu'il s'était faites, M. Hughes pensa que si les différences de résistance provenant des vibrations du conducteur n'étaient pas produites quand ce conducteur était entier, c'est que les mouvements moléculaires se trouvaient arrêtés par des résistances latérales égales et contraires, mais qu'il suffisait qu'une de ces résistances n'existât pas pour que le mouvement moléculaire put se développer librement. Or un mauvais contact équivalait, selon lui, à la suppression de l'une de ces résistances, et du moment où ce mouvement pouvait se produire, les dilatations et contractions moléculaires qui étaient la conséquence des vibrations, devaient correspondre à des accroissements ou à des affaiblissements de résistance du circuit. Nous ne suivrons pas davantage M. Hughes dans cette théorie, qui serait assez longue à développer, et nous allons continuer notre examen des différentes propriétés du microphone[25].

Le charbon, comme nous l'avons déjà dit, n'est pas la seule substance qu'on peut employer à composer l'organe sensible de ce système de transmetteur, M. Hughes a essayé d'autres substances et même des corps très-conducteurs, tels que les métaux. Le fer lui a donné d'assez bons résultats, et l'effet produit par des surfaces de platine dans un grand état de division a été égal, sinon supérieur, à celui fourni par le charbon mercurisé. Toutefois, comme avec ce métal on rencontre plus de difficultés dans la construction des appareils, il donne la préférence au charbon qui, comme lui, jouit de l'avantage de l'inoxydabilité.

Nous avons dit en commençant que le microphone pouvait être employé comme thermoscope: mais il doit avoir alors la disposition particulière que nous avons représentée fig. 40. Dans ces conditions, la chaleur, en réagissant sur la conductibilité de ces contacts, peut faire varier dans de si grandes proportions la résistance du circuit, qu'en approchant la main du tube, on peut annuler le courant de trois éléments Daniell. Il suffit, pour apprécier l'intensité relative de différentes sources de chaleur, exposées devant l'appareil, d'introduire dans le circuit des deux électrodes A et B, fig. 40, une pile P de un ou deux éléments Daniell et un galvanomètre un peu sensible G. Un galvanomètre de cent vingt tours est suffisant pour cela. Quand la déviation diminue, c'est que la source calorifique est supérieure à la température ambiante; quand elle augmente c'est qu'elle est inférieure. «Les effets résultant de l'intervention du soleil et de l'ombre se traduisent sur cet appareil, dit M. Hughes, par des variations considérables dans les déviations du galvanomètre. Il est même impossible de le tenir en repos, tant il est sensible aux moindres variations de la température.»

J'ai répété avec un seul élément Leclanché, les expériences de M. Hughes et j'ai pour cela, employé un tuyau de plume rempli de cinq fragments de charbon, provenant d'un des charbons cylindriques de petit diamètre que fabrique M. Carré pour la lumière électrique. J'ai bien obtenu les résultats qu'il indique; mais je dois dire que l'expérience est assez délicate. En effet, quand les fragments de charbon sont trop serrés les uns contre les autres, le courant passe avec trop de force pour que les effets calorifiques puissent faire varier la déviation galvanométrique; quand ils sont trop peu serrés, le courant ne passe pas. Il est donc un degré moyen de serrage qui doit être effectué pour que les expériences réussissent, et quand il est obtenu, on observe en approchant la main du tube, qu'une déviation qui était de 90° diminue au bout de quelques secondes et semble être en rapport avec le rapprochement plus ou moins grand de la main. Mais c'est l'haleine qui produit les effets les plus marqués, et je ne serais pas éloigné de croire que les déviations plus ou moins grandes que provoquent les émissions des sons articulés quand on prononce séparément les différentes lettres de l'alphabet, proviendraient d'une émission plus ou moins grande et plus ou moins directe des gaz échauffés sortant de la poitrine. Ce qui est certain, c'est que ce sont les lettres qui provoquent les sons les plus accentués telles que, A, F, H, I, K, L, M, N, O, P, R, S, W, Y, Z, qui déterminent les plus fortes déviations de l'aiguille galvanométrique.

Dans mon mémoire sur la conductibilité des corps médiocrement conducteurs, j'avais déjà signalé cet effet de la chaleur sur les corps divisés, et j'avais de plus montré que, après une certaine déviation rétrograde qui se produisait toujours au premier moment, il se manifestait un mouvement en sens inverse de l'aiguille galvanométrique qui accusait, au bout de quelques instants de chauffage, une déviation bien supérieure à celle indiquée primitivement.

Dans une note publiée dans le *Scientific American* du 22 juin 1878, M. Edison donne quelques détails intéressants sur l'application de son système de transmetteur téléphonique à la mesure des pressions, des dilatations et autres forces capables de faire varier la résistance du disque de charbon de cet appareil par suite d'une compression plus ou moins forte. Comme les expériences qu'il fit à ce sujet remontent au mois de décembre 1877, il en conclut encore qu'il a la priorité de l'invention du microphone employé comme thermoscope; mais nous devons lui faire observer que, d'après la manière dont M. Hughes a disposé son appareil, l'effet produit par la chaleur est précisément inverse de celui qu'il signale. En effet, dans le dispositif adopté par M. Edison, la chaleur agit par une augmentation de conductibilité qu'acquiert le charbon sous l'influence d'une augmentation de pression déterminée par la dilatation d'un corps sensible à la chaleur; dans le système de M. Hughes, la chaleur provoque un effet diamétralement opposé, parce qu'elle n'agit alors que sur des contacts et non par effet de pression. Aussi la résistance du microphone thermoscope se trouve augmentée sous l'influence de la chaleur au lieu d'être diminuée. Cet effet différent tient à la division du corps médiocrement conducteur, et j'ai démontré que, dans ces conditions, ces corps, quand ils ne sont chauffés que faiblement, déterminent toujours un affaiblissement dans l'intensité du courant qu'ils transmettent. Je crois du reste, que la disposition de M. Edison est meilleure comme appareil thermoscopique et permet de mesurer des sources calorifiques beaucoup moins intenses. S'il faut l'en croire, on pourrait avec son appareil non-seulement mesurer la chaleur du rayonnement lumineux des étoiles, de la lune et du soleil, mais encore les variations de l'humidité de l'air et de la pression barométrique.

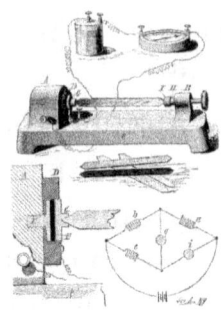

Fig. 44.

Cet appareil, que nous représentons figure 44 avec ses différents détails et la disposition rhéostatique employée pour les mesures, se compose d'une pièce métallique A fixée sur une planchette C et sur l'un des côtés de laquelle est adapté le système de disques de platine et de charbon D décrit page 77. Une pièce rigide G munie d'une crapaudine soutient extérieurement ce système, et on introduit dans cette crapaudine l'une des extrémités effilées d'un corps susceptible d'être impressionné par la chaleur, l'humidité ou la pression barométrique. L'autre extrémité est soutenue par une seconde crapaudine I adaptée à un écrou H susceptible d'être plus ou moins serré par une vis de réglage. Si on introduit ce système dans un circuit galvanométrique $a b c i g$ muni de tous les instruments de mesure électrique, les variations de longueur du corps interposé se traduisent par des déviations de l'aiguille galvanométrique plus ou moins grandes, qui sont la conséquence des différences de pression résultant de l'allongement ou du raccourcissement du corps dilatable interposé dans le circuit sur l'appareil.

Les expériences du microphone faites à la séance de la Société des ingénieurs télégraphistes de Londres, le 23 mai dernier, ont admirablement réussi et ont été l'occasion d'un article intéressant dans l'*Engineering* du 31 mai, dans lequel on constate que toute l'assemblée a pu entendre parler le téléphone, dont la voix se rapprochait beaucoup de celle du phonographe. Quand on annonça que ces paroles avaient été prononcées à une distance assez grande du microphone, le duc d'Argyle, présent à la séance, tout en admirant l'importance de la découverte, ne put s'empêcher de s'écrier que cette invention pourrait avoir des conséquences terribles, «ainsi, par exemple, dit-il, nous sommes à Downing-street, et je ne puis m'empêcher de penser que si un des appareils du professeur Hughes était placé dans la pièce où les ministres de Sa Majesté sont en conférence, nous pourrions entendre d'ici tous les secrets de cabinet. Si un de ces petits appareils pouvait être mis dans la poche de mon ami Schouvaloff ou bien dans celle de lord Salisbury, nous serions tout à coup en possession de ces grands secrets que tout ce pays et toute l'Europe attendent avec une si grande anxiété. Si l'assurance qu'on donne que ces appareils sont susceptibles de répéter toutes les conversations qui peuvent se faire dans une pièce où ils sont placés, cela pourrait constituer un véritable danger, et je pense que le professeur Hughes qui a inventé ce magnifique et en même temps si dangereux instrument, devrait rechercher maintenant un antidote à sa découverte.»

D'un autre côté, le docteur Lyon-Playfair pense que le microphone devrait être appliqué à l'aérophone, pour qu'en plaçant ces instruments dans les deux chambres du parlement, les discours des grands orateurs puissent être entendus par toute une population sur une étendue de quatre à cinq milles carrés.

Les essais du microphone faits récemment à Harlifax et qui ont été rapportés dans les journaux anglais, montrent que les prévisions du duc d'Argyle étaient parfaitement justifiées. Il paraîtrait en effet qu'un dimanche un microphone ayant été placé sur la devanture de la chaire d'un prédicateur à l'église d'Harlifax, et cet instrument étant relié par un fil de 3 kilomètres à un téléphone placé près du lit d'un malade, habitant un château voisin, ce malade a pu entendre toutes les prières, les cantiques et le sermon. M. Hughes, qui m'avait communiqué cette nouvelle, m'assurait qu'elle lui avait été donnée par des personnes dignes de foi, et nous apprenons maintenant qu'il y a sept abonnés pour jouir de l'avantage d'écouter les offices d'Harlifax, sans se déranger.

Le microphone a été aussi appliqué dernièrement à la répétition à distance d'un opéra tout entier, et voici ce que dit à cet égard le *Journal télégraphique* de Berne du 25 juillet:

«Le 19 juin dernier a eu lieu à Billenzona (Suisse) une curieuse expérience micro-téléphonique. Une troupe italienne de passage devait donner ce jour-là, au théâtre de cette ville, l'opéra de Donizetti, *Don Pasquale*. M. Patocchi, inspecteur-adjoint du VIe arrondissement télégraphique de la Suisse, a eu l'idée de profiter de cette occasion, pour expérimenter les effets combinés du microphone à charbon de Hughes comme appareil transmetteur et du téléphone de Bell comme appareil récepteur. À cet effet, il installa dans une loge de premier rang, à côté du proscenium, un microphone Hughes qu'il relia au moyen de deux fils de 1.1/2 millimètres de diamètre à quatre récepteurs Bell disposés dans une salle de billard, au-dessus du vestibule du théâtre même, salle où ne parvient aucun des bruits de l'intérieur du théâtre. Dans le circuit, et près du microphone de Hughes, était intercalée une petite pile de deux éléments du modèle ordinaire de l'administration suisse.

«Les résultats ont été aussi heureux et aussi complets que possible. Les téléphones reproduisaient exactement, avec une clarté et une netteté merveilleuse, aussi bien les sons de l'orchestre que le chant des artistes. Plusieurs spectateurs ont constaté, avec M. Patocchi, que l'on ne perdait pas une note des instruments ou des voix, qu'on distinguait parfaitement les mots prononcés, que les airs étaient reproduits dans leur ton naturel, avec toutes leurs nuances, les *piano* comme les *forte*, les motifs doux comme les passage de force, et plusieurs *dilettanti* amateurs ont même assuré à M. Patocchi que, par cette seule audition au moyen des téléphones, l'on pouvait apprécier les beautés musicales, les qualités des voix des artistes et généralement juger de la pièce elle-même, comme pouvaient le faire les spectateurs à l'intérieur du théâtre.

«Les résultats ont été les mêmes en introduisant dans le circuit des résistances jusqu'à 10 kilomètres sans augmenter le nombre des éléments de la pile. C'est, croyons-nous la première expérience de ce genre qui ait été faite, en Europe du moins, dans un théâtre et sur un opéra complet; et ceux qui connaissent toute la légèreté et la grâce des mélodies de *Don Pasquale*, apprécieront à quelle sensibilité doit atteindre la combinaison du microphone de Hughes et du téléphone de Bell, pour ne rien laisser perdre des délicatesses de cette musique.»

Les expériences avec le microphone, quoique à leur début, ont été cependant très-variées, et nous voyons dans les journaux anglais, entre autres expériences curieuses, qu'on a voulu établir sur le même principe un appareil sensible téléphoniquement aux variations d'une source lumineuse. On sait que certains corps et particulièrement le sélénium sont impressionnables électriquement à la lumière, c'est-à-dire que leur conductibilité peut varier dans d'assez grandes proportions suivant la quantité plus ou moins grande de lumière qui les éclaire. Or si on fait passer brusquement un circuit dans lequel est interposé un corps de cette nature, de l'obscurité à un éclairement un peu intense, il doit résulter de l'augmentation subite de résistance qui en est la conséquence, un son énergique dans un téléphone interposé dans le circuit. C'est en effet ce que l'expérience a démontré, et M. Willoughby-Smith en tire la conséquence que, conformément à ce que nous avons dit plus haut, les effets produits dans le microphone sont la conséquence de variations de résistance dans le circuit par suite de contacts plus ou moins intimes entre conducteurs imparfaits.

Pour obtenir l'effet précédent dans ses meilleures conditions, M. Siemens emploie deux électrodes composées par des réseaux de fils de platine très-fins enchevêtrés les uns dans les autres, à la manière de deux fourchettes dont les dents seraient intercalées dans leurs intervalles réciproques. Ces électrodes sont introduites entre deux lames de verre, et une goutte de sélénium versée au centre de ces réseaux, les réunit sur une surface circulaire assez étendue pour établir une conductibilité suffisante dans le circuit. Or c'est sur cette goutte ainsi étendue qu'on doit projeter le rayon de lumière.

Une jolie expérience que l'on peut faire encore avec le microphone est celle-ci: vous placez sur une planche en bois un peu grande, une planchette à dessin par exemple, un microphone à charbon vertical dont les extrémités sont bien pointues et qui est placé tout à fait verticalement. On dispose dans le circuit un ou plusieurs téléphones, et si on les renverse sur la planche de manière que leur membrane soit en regard de celle-ci, on entend un roulement continu qui ressemble tantôt à un son musical, tantôt au bruissement de l'eau bouillant dans une chaudière, et ce bruit qui peut être entendu à distance, dure indéfiniment tant que la source électrique est en activité. M. Hughes explique ce phénomène de la manière suivante.

La moindre secousse qui mettra le microphone en action, aura pour effet d'envoyer des courants plus ou moins interrompus à travers les téléphones qui les transformeront en vibrations sonores, et celles-ci étant transmises mécaniquement par la planche au microphone, entretiendront son mouvement qui sera même amplifié et provoquera de nouvelles vibrations sur les téléphones; d'où il résultera une nouvelle action sur le microphone et ainsi de suite indéfiniment. D'un autre côté, en plaçant sur la même planche un second microphone correspondant à un autre circuit téléphonique, on peut en faire un appareil réagissant comme *un relais télégraphique*, c'est-à-dire répétant à distance les bruits transmis à la planche, et ces bruits répétés peuvent constituer soit un appel, soit les éléments d'une dépêche dans le langage Morse, si l'on place dans le circuit du premier microphone un manipulateur Morse. «J'ai fait, dit M. Hughes, avec cette disposition d'appareils, plusieurs expériences qui ont produit beaucoup d'effet, quoique n'ayant employé qu'une pile de Daniell de six éléments sans bobine d'induction. En adaptant au téléphone récepteur un cornet en carton de 40 centimètres de longueur, on a pu entendre dans toute une grande salle le bruit continu du relais, les battements d'une pendule et le bruit fait par la plume en écrivant. Je n'ai pas essayé de transmettre la parole parce que, dans ces conditions, elle n'aurait pas été reproduite avec netteté.»

L'idée d'employer le microphone comme relais était, du reste, venue à l'esprit de plusieurs personnes et entre autres de M. Latimer-Clark qui proposait pour cela de faire réagir l'armature d'un électro-aimant introduit dans le circuit du microphone, sur un tube disposé comme on l'a vu fig. 40 et réagissant lui-même sur le second circuit, c'est-à-dire sur le circuit du téléphone. MM. Houston et Thomson en ont fait également un dernièrement.

D'un autre côté lord Lindsay a imaginé d'adapter au microphone une membrane résonnante, et il a obtenu par ce moyen une reproduction excellente des sons musicaux produits par un piano; mais lorsque les vibrations de cet instrument concordaient avec les vibrations fondamentales de la membrane, un bruit très-fort se faisait entendre dans le téléphone, et dans ce bruit, on distinguait non-seulement la note fondamentale de cette membrane, mais encore toutes les vibrations sympathiques déterminées par les cordes du piano réagissant les unes sur les autres.

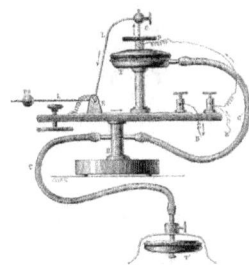

Fig. 45.

En raison de son extrême sensibilité, cet appareil pourrait permettre de constater les bruits produits à l'intérieur du corps humain et servir par conséquent de *stéthoscope* pour l'auscultation des poumons et des battements du cœur. Le Dr Richardson en Angleterre, conjointement avec M. Hughes, s'occupe en ce moment de rendre pratique cette importante application; mais jusqu'à présent les résultats obtenus n'ont pas été très-satisfaisants. On espère toutefois y parvenir. En attendant M. Ducretet a construit un microphone stéthoscopique que nous représentons fig. 45 et qui est d'une extrême sensibilité. C'est un microphone à charbon CP, à simple contact, dont le charbon inférieur P est adapté à un tambour à membrane vibrante de M. Marais T. Ce tambour est relié par un tube de caoutchouc CC' à un autre tambour T' qui est destiné à être appliqué sur les différentes parties du corps à ausculter, et que l'on appelle en conséquence *tambour explorateur*; la sensibilité de l'appareil est réglée au moyen d'un contrepoids PO, qui se visse sur le bras d'un levier bascule LL, auquel est fixé le second charbon C. Tout le monde connaît la grande sensibilité des tambours de M. Marais pour la transmission des vibrations, et cette sensibilité étant encore augmentée par le microphone, l'appareil acquiert une impressionnabilité extrême, peut-être même une trop grande, car il révèle tout espèce de bruits qu'il est très-difficile de distinguer les uns des autres. Du reste, cet appareil ne peut donner de bons résultats que confié à des mains expérimentées, et il faudra évidemment une éducation auditive particulière pour qu'on puisse en tirer parti.

Comme application de ce genre, la plus importante est celle que vient d'en faire, conjointement avec M. Hughes, M. Henry Thompson célèbre chirurgien anglais, pour l'exploration de la vessie dans la maladie de la pierre. Au moyen de cet appareil, on peut en effet constater la présence et préciser le siège des calculs pierreux qui peuvent s'y trouver, quelques petits qu'ils soient d'ailleurs. On emploie pour cela une sonde exploratrice composée d'une tige de Maillechort un peu recourbée par le bout et qui est mise en communication avec un microphone sensible à charbon. Quand, en promenant cette sonde dans la vessie, la tige en question rencontre des particules pierreuses, fussent-elles de la grosseur d'une tête d'épingle, le frottement qui en résulte détermine des vibrations qui se distinguent parfaitement, dans le téléphone, de celles qui se produisent par la simple friction de la tige sur les tissus mous des parois de la vessie. Toutefois, M. Thompson prétend que pour obtenir de bons résultats de cette méthode, il faut prendre certaines précautions. Il faut que l'instrument ne soit pas trop sensible afin que la nature des bruits soit bien distincte, la pile ne doit pas être trop forte, pour éviter les sons qui pourraient résulter des bruits extérieurs. L'appareil est du reste disposé comme on le voit fig. 46. Le microphone est placé dans le manche qui porte la sonde et n'est autre que celui que nous avons représenté fig. 39, mais avec de plus petites dimensions, et les deux fils conducteurs *e* allant au téléphone, ressortent du manche par le bout *a* opposé à celui *bb* où la sonde *dd* est vissée. Comme cet appareil n'est pas destiné à reproduire la parole, on emploie des charbons dc cornue au lieu de charbons de bois.

Fig. 46.

On a pu encore par un moyen basé sur le principe du microphone, faire entendre certains sourds dont l'oreille n'était pas encore tout à fait insensibilisée. Pour obtenir ce résultat, on adapte devant les deux oreilles du malade deux téléphones, reliés entre eux par une couronne métallique appuyée sur l'os frontal, et on met les deux téléphones en rapport avec un microphone muni de sa pile, lequel pend à l'extrémité d'un double fil conducteur. Le malade conserve dans sa poche ce microphone, et il le présente comme un cornet acoustique à son interlocuteur quand il veut converser avec lui. Le microphone est alors constitué par le parleur de M. Hughes représenté fig. 39.

Le microphone peut avoir encore beaucoup d'autres applications, et voici ce que nous lisons à cet égard dans l'*English Mechanic* du 21 Juin 1878: «Au moyen de cet instrument, les ingénieurs pourront apprécier les effets des vibrations occasionnées sur les édifices anciens et nouveaux par le passage de lourdes charges; un soldat pourra reconnaître l'approche de l'ennemi à plusieurs milles de distance et distinguer même s'il aura affaire avec de l'artillerie ou de la cavalerie; la marche des navires dans le voisinage des torpilles pourra même être annoncée à la côte, et on pourra dès lors, à coup sûr, en déterminer l'explosion.»

On a aussi proposé d'appliquer le microphone comme un avertisseur des fuites de gaz dans les mines à charbon. Le gaz s'échappant des crevasses de charbon, produit un son sifflant qui par le moyen du microphone et du téléphone pourrait être entendu au haut des puits. D'un autre côté, on a eu l'idée que le microphone pourrait être utilement employé comme Séismographe pour signaler les bruits souterrains qui précèdent généralement les tremblements de terre et les éruptions volcaniques, et qui se trouveraient de cette manière notablement amplifiés. Cet appareil pourrait même être d'un usage utile à M. Palmieri pour ses études à l'observatoire du Vésuve.

Comme on devait s'y attendre, des réclamations de priorité devaient être la conséquence de la grande faveur qui a accueilli l'invention de M. Hughes, et même en dehors de la réclamation de M. Edison sur laquelle nous avons exprimé notre opinion[26], nous en trouvons plusieurs autres qui montrent que, si quelques effets du microphone ont été découverts à différentes époques avant M. Hughes, on n'y avait prêté qu'une très-médiocre attention puisqu'ils n'ont même pas été publiés. De ce nombre sont celles de M. Wentwork Lacelles-Scott enregistrées dans l'*Electrician* du 25 mai 1878, et celle de M. Weyher présentée à la Société de Physique de Paris au mois de juin dernier; mais elles n'ont guère d'importance, attendu que les dates auxquelles remontent les expériences de ces savants sont encore postérieures à celles des premières expériences de M. Hughes; celles-ci datent, en effet, du commencement de décembre 1877, et ont même été montrées en janvier 1878 aux fonctionnaires de la *Submarine Telegraph Company*, ainsi que le publie M. Preece dans une lettre adressée aux différents savants.

Avant de terminer avec le microphone, je crois devoir rappeler ici deux expériences intéressantes de M. Hughes, qui tout en montrant que l'attraction magnétique n'entre pour rien dans la reproduction de la parole, prouve que les effets électro-magnétiques peuvent se combiner aux effets microphoniques.

1° Si une armature de fer doux est appliquée sur les pôles d'un électro-aimant à deux branches solidement fixé sur une planche, et qu'on interpose entre cette armature et les pôles magnétiques des morceaux de papier afin d'éviter les effets de magnétisme condensé, on peut, en reliant cet électro-aimant à un microphone parleur du modèle de la fig. 39, entendre sur la planche servant de support à l'électro-aimant les mots prononcés dans le parleur.

2° Si on oppose par leurs pôles de noms contraires deux électro-aimants mis en rapport avec un microphone, en ayant soin de séparer ces pôles par des morceaux de papier, on obtiendra clairement la reproduction de la parole, sans qu'il y ait besoin d'armature ni de diaphragme. Ces deux faits peuvent encore être opposés à la théorie soutenue par M. Navez.

3° Si au lieu de faire passer le courant actionné par un microphone à travers l'hélice d'un téléphone servant de récepteur, on lui fait traverser directement le barreau aimanté de ce téléphone dans le sens de son axe, c'est-à-dire d'un pôle à l'autre, on peut entendre distinctement les paroles prononcées dans le microphone. Cette expérience, qui est de M. Paul Roy, indiquerait, si elle est exacte, que les ondulations électriques qui parcoureraient longitudinalement un aimant, en modifieraient l'intensité magnétique. Cette expérience est toutefois à vérifier.[Table des Matières]

EFFETS DES ACTIONS EXTÉRIEURES SUR LES TRANSMISSIONS TÉLÉPHONIQUES.

Les obstacles qu'on rencontre dans les transmissions téléphoniques proviennent de trois causes; 1° de l'affaiblissement des sons par suite des pertes de courant sur les lignes, pertes beaucoup plus grandes avec les courants d'induction qu'avec les courants de pile; 2° des mélanges produits par les dérivations des courants voisins; 3° de l'induction des fils les uns sur les autres. Cette dernière influence est beaucoup plus grande qu'on ne se le figure ordinairement. Placez côte à côte deux fils parfaitement isolés, l'un en correspondance avec un circuit de sonnerie trembleuse, l'autre avec un circuit de téléphone: ce dernier répétera les bruits de la sonnerie avec une intensité souvent assez grande pour fournir lui-même un appel sans qu'on ait l'appareil à l'oreille. MM. Pollard et Garnier, dans leurs intéressantes expériences avec les courants induits de la bobine de Ruhmkorff, ont reconnu qu'on pouvait obtenir de cette manière, non-seulement les sons en rapport avec les courants induits résultant de l'action du courant traversant l'hélice primaire, mais encore ceux qui résultent de l'action des courants secondaires sur d'autres hélices et qu'on a désignés sous le nom de courants de second ordre. Ce sont ces différentes réactions qui font que les transmissions téléphoniques faites sur les lignes télégraphiques se trouvent souvent troublées par des bruits insolites qui viennent des transmissions électriques sur les fils voisins; mais elles paraissent subir ces influences sans s'éteindre, et il arrive que l'on peut entendre à la fois une conversation parlée en langage ordinaire et une dépêche transmise dans le langage Morse.

À l'école d'artillerie de Clermont, on a établi à titre d'expériences une communication téléphonique entre cette école et le champ de tir qui est à une distance de 14 kilomètres. Une autre communication du même genre est établie entre l'Observatoire de Clermont et celui du Puy-de-Dôme à 15 kilomètres de distance. Ces deux lignes sont portées par les mêmes poteaux sur un parcours de 10 kilomètres, et dans ce trajet sur ces poteaux, se trouve un fil télégraphique ordinaire; enfin dans cet espace, les poteaux pendant 300 mètres portent aussi sept autres fils télégraphiques. Les deux fils téléphoniques sont d'ailleurs éloignés de 0^m,85 l'un de l'autre. Dans ces conditions on a constaté:

1° Que le téléphone de l'école lit très-bien, par le son, les dépêches Morse qui passent dans le télégraphe sur les deux fils qui l'avoisinent, mais que le tic-tac de l'appareil ne gêne en rien le passage ni l'audition de la communication verbale du téléphone;

2° Que les deux lignes téléphoniques voisines, quoique ne se touchant pas, et sans communication entre elles, mélangent cependant leurs dépêches, et il est arrivé qu'on a pu entendre à l'école par le fil venant du champ de tir, des dépêches du Puy-de-Dôme, et qu'on a pu y répondre, sans que nulle part la distance entre les fils des deux lignes fut moindre que 85 centimètres.

On a pu remédier un peu à ces inconvénients en interposant dans le circuit de fortes résistances, ou en établissant des dérivations à la terre à une certaine distance des postes téléphoniques.

Suivant M. Izarn, professeur de physique au lycée de Clermont, les courants électriques téléphoniques pourraient très-bien se dériver par la terre, surtout quand ils rencontreraient sur leur passage des conducteurs métalliques comme des conduites d'eau ou de gaz. Voici ce qu'il dit dans une note adressée à l'académie des sciences le 13 mai 1878. «J'ai installé au lycée de Clermont un téléphone sur un fil unique d'une cinquantaine de mètres, qui, traversant la grande cour du lycée, va du laboratoire de physique où il s'accroche à un bec de gaz, à une pièce placée près de la loge du concierge où il s'accroche à un autre bec de gaz. En appliquant l'oreille au téléphone, j'entends très-nettement les signaux télégraphiques Morse ou autres qui proviennent soit du bureau télégraphique de Clermont, soit du bureau téléphonique fonctionnant entre l'école d'artillerie de Clermont et le polygone de tir, établi à 14 kilomètres de la ville au pied du Puy-de-Dôme. J'entends même des paroles et surtout des commandements militaires émis dans le téléphone du polygone et destinés à être entendus à l'école. Or mon fil est absolument indépendant de ceux où circulent ces signaux; il en est même très-éloigné; mais comme les prises de terre du bureau télégraphique et de l'école d'artillerie se font à une petite distance des tuyaux de gaz, il n'est pas douteux que le phénomène ne soit dû à une dérivation du courant produite à travers mon fil par l'intermédiaire du sol et du réseau métallique des tuyaux.»

Cette remarque avait été déjà faite par M. Preece dans sa notice: *Sur quelques points physiques en rapport avec le téléphone.* D'un autre côté, nous lisons dans le *Telegraphic journal* du 15 juin 1878, que dans un concert téléphonique, transmis de Buffalo à New-York, les chanteurs de Buffalo ont été entendus dans un bureau particulier placé en dehors du circuit télégraphique sur lequel s'opérait la transmission. Après informations, on reconnut que le fil à travers lequel la transmission téléphonique s'effectuait dans ce bureau, se rapprochait en un point de son parcours de celui qui transmettait directement les sons musicaux; mais la distance entre les deux fils n'était pas moindre de dix pieds.

Avec les circuits entièrement métalliques, les effets des mélanges sont beaucoup moins à craindre, et suivant M. Zetzche, on n'entend que très-peu et seulement par instants, les sons provenant d'autres fils; on entend donc beaucoup mieux et plus aisément avec cette disposition qu'avec la disposition ordinaire. «Ce ne sont pas d'ailleurs, dit-il, les résistances des fils, mais bien plutôt les dérivations de courant près des poteaux qui présentent des obstacles pour les correspondances téléphoniques échangées sur de longues lignes aériennes. J'ai pu en avoir la preuve dans les expériences suivantes: Ayant relié la ligne télégraphique de Dresde à Chemnitz à l'une des lignes de Chemnitz à Leipzig (87 kil.), ce qui fournissait un circuit de 167 kilomètres communiquant à la terre à ses deux extrémités, Dresde et Leipzig n'ont pu s'entretenir, tandis que Dresde et Chemnitz le pouvaient très-bien malgré la plus grande étendue de la ligne. Ayant fait supprimer la communication à la terre, d'abord à Leipzig, puis à Leipzig et à Dresde simultanément, j'ai constaté les effets suivants: Avec l'isolation effectuée à Leipzig seulement, les stations de Dresde, de Riesa, Wurzen purent bien s'entendre au moyen du téléphone; mais avec l'isolation de la ligne aux deux extrémités, les deux dernières stations communiquèrent bien entre elles, mais la station intermédiaire fit remarquer qu'elle entendait mieux les mots prononcés à Wurzen que l'on n'entendait à Wurzen les paroles dites à Riesa. Dans les deux cas, le téléphone reproduisait distinctement les signaux télégraphiques émis sur les fils parallèles à celui de la ligne d'essai. Or, comme Wurzen, n'est qu'à 26,6 kilomètres de Leipzig, tandis que Riesa se trouve à une distance de 49 kilomètres de Dresde, et qu'il y a, par conséquent, sur ce dernier parcours à peu près une fois autant de poteaux offrant aux courants des dérivations à la terre, j'ai cru pouvoir en conclure que c'était par les dérivations qu'on pouvait expliquer la possibilité de correspondre sur une ligne isolée et la perception plus distincte des sons à la station de Riesa, laquelle provenait de la plus grande intensité de courant restant encore sur la ligne.»

Il est aussi certaines vibrations résultant de l'action des courants d'air sur les fils télégraphiques et qui leur font émettre ces bourdonnements bien connus sur certaines lignes, qui peuvent encore réagir sur le téléphone; mais elles sont alors le plus souvent propagées mécaniquement, et on peut les distinguer des autres, quand les sons qui en résultent sont entendus après qu'on a exclu le téléphone du circuit par une fermeture à court circuit, et après avoir supprimé la communication à la terre établie en arrière du téléphone.

Les réactions d'induction exercées par les fils de ligne les uns sur les autres ne sont pas les seules qui puissent être accusées sur un circuit téléphonique: toute manifestation électrique produite dans le voisinage d'un téléphone peut déterminer des sons plus ou moins forts. Nous en avons déjà eu la preuve dans les expériences de M. d'Arsonval, et voici quelques expériences de M. Demoget qui le démontrent de la manière la plus notoire. En effet si devant l'un des téléphones d'un circuit téléphonique, on place un petit électro-aimant droit muni d'un trembleur, et que, pour écarter l'influence du son produit par le trembleur, on enlève la lame vibrante du téléphone, on entend parfaitement sur le second téléphone du circuit le bourdonnement du trembleur, qui atteint son maximum quand les deux extrémités de l'électro-aimant sont le plus rapprochées possible du téléphone sans diaphragme, et son minimum quand cet électro-aimant lui est présenté suivant sa ligne neutre. D'après M. Demoget, l'action exercée dans cette circonstance pourrait être considérée comme celle d'un aimant exerçant deux actions inductrices opposées et symétriques, dont le champ serait limité par un double paraboloïde, ayant pour grand axe, dans ses expériences, $0^m,55$ de longueur au delà du noyau magnétique, et pour grand diamètre perpendiculaire, 60 centimètres. Il croit que par ce moyen on pourrait aisément télégraphier dans le système Morse, et qu'il suffirait pour cela d'adapter une clef à l'électro-aimant inducteur.

Pour surmonter les difficultés que présentent les réactions d'induction des fils les uns sur les autres dans les transmissions téléphoniques, M. Preece indique trois moyens:

1° Augmenter l'intensité des courants transmis de manière à les faire prédominer notablement sur les courants induits, et réduire la sensibilité du téléphone de réception;

2° Mettre le fil téléphonique à l'abri de l'induction.

3° Neutraliser les effets d'induction.

Le premier moyen peut être réalisé par le système à pile d'Edison, et nous avons vu qu'il a fourni des résultats avantageux.

Pour mettre à exécution le second moyen, M. Preece considère qu'il y a lieu de se préoccuper des deux sortes d'inductions qui se développent sur les lignes télégraphiques: de l'induction électrostatique, analogue à celle qui se produit sur les câbles immergés, et en second lieu de l'induction électro-dynamique résultant de l'électricité en mouvement. Dans le premier cas, M. Preece propose d'interposer entre le fil téléphonique et les autres fils, un corps conducteur en communication avec la terre, et susceptible de former écran à l'induction en absorbant lui-même les effets électrostatiques produits. Ce problème pourrait être résolu, suivant lui, en entourant les fils télégraphiques avoisinant le fil téléphonique, d'une enveloppe métallique, ou en les immergeant dans l'eau. «Bien que par ce dernier moyen, dit-il, on n'élimine pas complétement les effets d'induction statique, en raison de la mauvaise conductibilité de ce corps, on peut les réduire considérablement, ainsi que mes expériences entre Dublin, Holyhead, Manchester et Liverpool l'ont démontré.» Dans le second cas, M. Preece admet qu'une enveloppe de fer est susceptible de paralyser les effets électro-dynamiques déterminés, en les absorbant; de sorte qu'en employant des fils isolés recouverts d'une garniture de fer mise en communication avec le sol, on annulerait les deux réactions d'induction. Nous ne suivrons pas M. Preece dans la théorie qu'il donne de ces effets, théorie qui nous paraît tout au moins discutable, et nous nous contenterons de l'indication du moyen d'atténuation qu'il propose.

Pour mettre à exécution le troisième moyen, on pourrait croire qu'il suffirait de supprimer les communications avec la terre et d'employer un fil de retour, car dans ces conditions, les courants d'induction déterminés sur l'un des fils devraient se trouver neutralisés par ceux qui résulteraient de la même induction sur le second fil, et qui se trouveraient alors agir dans un sens opposé; mais ce moyen ne peut être efficace qu'autant que la distance entre les deux fils téléphoniques est très-petite et que leur éloignement des autres fils est considérable. Quand il n'en est pas ainsi et qu'ils se trouvent tous très-rapprochés, comme cela a lieu dans les câbles sous-marins ou souterrains à plusieurs fils, ce moyen est tout à fait insuffisant. En prenant comme ligne aérienne un petit câble renfermant deux conducteurs isolés avec de la gutta-percha, on peut obtenir de très-bons résultats.

L'emploi de deux conducteurs a encore l'avantage d'éviter les inconvénients des dérivations sur la ligne et à travers le sol qui, quand les communications à la terre ne sont pas parfaites, permettent au courant d'une ligne de passer plus ou moins facilement à travers la ligne téléphonique.

En outre des causes de perturbation que nous venons d'énumérer, il en est d'autres qui sont également très-appréciables dans les transmissions téléphoniques, et, parmi elles, nous devrons citer les courants accidentels qui se produisent constamment sur les lignes télégraphiques. Ces courants peuvent provenir de bien des causes, tantôt de l'électricité atmosphérique, tantôt du magnétisme terrestre, tantôt d'effets thermo-électriques produits sur les lignes, tantôt de réactions hydro-électriques déterminées sur les fils et les plaques de communication avec le sol. Ces courants sont toujours très-instables, et ils doivent, par conséquent, en réagissant sur les courants transmis, les altérer plus ou moins et déterminer par cela même des sons sur le téléphone. Suivant M. Preece, le bruit provenant des courants telluriques se rapproche un peu de celui d'une cascade. Les décharges d'électricité atmosphérique, même quand l'orage est éloigné, déterminent un son plus ou moins sec suivant la nature de la décharge. Quand elle est diffuse et qu'elle éclate à peu de distance, le bruit produit ressemble, d'après le docteur Channing de La Providence, à celui que produit une goutte de métal en fusion quand elle tombe dans de l'eau, ou bien encore à celui d'une fusée volante tirée à distance; dans ce cas, il paraîtrait que le son serait perçu avant l'apparition de l'éclair, ce qui démontre bien que les décharges électriques atmosphériques ne se produisent qu'à la suite d'un mouvement électrique déterminé dans l'air. «Quelquefois, dit M. Preece, on entend un son lamentable, un son que l'on a comparé au cri d'un oiseau naissant, et qui doit provenir des courants induits que le magnétisme terrestre doit déterminer dans les fils télégraphiques quand ils sont mis en mouvement vibratoire par les courants d'air.»

Dernièrement M. Gressier, dans une communication faite à l'Académie des sciences le 6 mai 1878, a mentionné quelques-uns de ces bruits, mais il s'est tout à fait trompé sur l'origine qu'il leur a supposée.

«Indépendamment du grésillement dû aux appareils télégraphiques mis en action sur les lignes voisines, dit-il, il se produit dans le téléphone un bruissement très-confus, un froissement assez intense parfois pour faire croire que la plaque vibrante va se déchirer. C'est plutôt le soir que le jour qu'on entend ce bruissement qui devient même insupportable et empêche de se comprendre au téléphone, alors qu'on n'est plus troublé par le travail des bureaux. On entend ce bruit quand on ne fait usage que d'un seul téléphone. Un bon galvanomètre interposé dans le circuit a montré la présence de courants assez sensibles, tantôt dans un sens, tantôt dans un autre.»

Ces courants que j'ai étudiés pendant longtemps avec le galvanomètre et qui ont été l'objet de quatre mémoires présentés par moi à l'académie des sciences en 1872, n'ont généralement aucun rapport avec l'électricité atmosphérique, comme le croit M. Gressier, et proviennent soit d'actions thermo-électriques, soit d'actions hydro-électriques. Ils se manifestent toujours et en tous temps sur les lignes télégraphiques, qu'elles soient isolées à l'une de leurs extrémités ou en contact avec la terre par les deux bouts. Dans le premier cas, les électrodes polaires du couple sont constituées par le fil télégraphique et la plaque de terre, ordinairement de la même nature, et le milieu conducteur intermédiaire est représenté par les poteaux souteneurs du fil et le sol qui complètent le circuit. Dans le second cas, le couple est constitué à peu près de la même manière, mais la différence de composition chimique des terrains aux deux points où les plaques de terre sont enterrées, et souvent leur différence de température, exercent un effet prédominant. Si l'on ne considère que le premier cas, il arrive le plus souvent, par les beaux jours de l'été, que les courants produits pendant la journée sont inverses de ceux qui sont produits pendant la nuit, et varient avec la température ambiante dans l'un et l'autre sens. La présence ou l'absence du soleil, le passage des nuages, les courants d'air, entraînent même des variations très-brusques et très-caractérisées que l'on peut suivre facilement sur le galvanomètre et qui engendrent des sons plus ou moins accentués dans le téléphone.

Pendant le jour, ces courants sont dirigés de la ligne télégraphique à la plaque de terre, parce que le fil est plus échauffé que la plaque, et *ces courants sont alors thermo-électriques.* Pendant la nuit, le contraire a lieu parce que le serein, en tombant, provoque sur le fil un refroidissement et y détermine une oxydation plus grande que celle qui est effectuée sur la plaque de terre, et *les courants sont alors surtout hydro-électriques.*

J'ai insisté un peu sur ces courants parce que, par suite d'une fausse interprétation de leur origine, on a cru que le téléphone pourrait servir à l'étude des variations de l'électricité atmosphérique répandue normalement dans l'air; or, cette application du téléphone serait dans ces conditions, non-seulement inutile, mais encore pourrait égarer les observateurs en leur faisant faire des recherches sur des phénomènes très-compliqués, dont l'étude ne conduirait à rien de plus que ce que j'ai dit dans mes différents mémoires sur cette question.

Il est aussi certaines actions locales qui peuvent déterminer des sons sur le téléphone. Ainsi la distension du diaphragme sous l'influence de la chaleur humide de la respiration, quand on porte l'appareil devant la bouche pour parler, détermine un bruissement qui est facile à percevoir.

En raison des réactions électro-statiques si énergiques déterminées sur les câbles sous-marins par suite des transmissions électriques, on pouvait craindre que l'on ne pût correspondre facilement à travers ces sortes de conducteurs au moyen du téléphone, et pour s'en assurer, on fit une expérience entre Guernesey et Darmouth à travers un câble de soixante milles de longueur. On reconnut avec surprise et satisfaction que les articulations de la parole étaient parfaitement effectuées, seulement un peu voilées. D'autres expériences entreprises par MM. Preece et Willmot sur un câble sous-marin artificiel placé dans des conditions analogues à celui des États-Unis, démontrèrent que sur une longueur de cent milles, on pouvait facilement entretenir une correspondance téléphonique, bien que les effets d'induction fussent manifestes. Sur une longueur de cent cinquante milles, il devint assez difficile de s'entendre, et les sons étaient considérablement affaiblis; il semblait qu'on parlait à travers une épaisse cloison. Les sons diminuèrent rapidement jusqu'à deux cents milles, et à partir de là, la parole devint complétement indistincte, quoique le chant pût être encore perçu. On put même l'entendre sur toute la longueur du câble, c'est-à-dire sur une longueur de trois mille milles; mais cela tenait, suivant M. Preece, à l'induction du condensateur sur lui-même; néanmoins M. Preece croit que le chant peut être entendu à une bien plus grande distance que la parole, en raison de la plus grande régularité dans la succession des ondes électriques.

«J'ai expérimenté aussi, dit M. Preece, des câbles souterrains entre Manchester et Liverpool sur une longueur de trente milles, et je n'ai rencontré aucune difficulté dans la correspondance que j'ai échangée; il en a été de même sur le câble de Dublin à Holyhead ayant soixante-sept milles de longueur. Celui-ci avait 7 fils conducteurs, et quand le téléphone était réuni à l'un des fils, on pouvait entendre la répétition des sons à travers tous les autres, mais à un degré plus faible. Quand les fils fonctionnaient avec les courants des appareils télégraphiques, l'induction était manifeste, mais elle ne suffisait pas pour empêcher les communications téléphoniques.»[Table des Matières]

INSTALLATION D'UN POSTE-TÉLÉPHONIQUE.

Bien que le système télégraphique par le téléphone soit très-simple, il exige pourtant, pour le service qu'on peut demander à cet instrument, certaines dispositions accessoires qui sont indispensables. Ainsi, par exemple, il est nécessaire que l'on soit appelé au moyen d'un appareil d'alarme pour qu'on puisse savoir quand l'échange des correspondances doit avoir lieu, et il faut également que l'on soit prévenu si l'appel a été entendu. Une sonnerie électrique est donc le complément indispensable du téléphone, et comme le même circuit peut être employé pour les deux systèmes d'appareils à la condition de se servir d'un commutateur, on dut, pour conserver au système sa simplicité de manipulation qui en faisait le principal mérite, rechercher un moyen de faire réagir ce commutateur automatiquement et, pour ainsi dire, à l'insu de ceux appelés à faire usage de l'appareil.

Système de MM. Pollard et Garnier.—Dès le mois de mars dernier, MM. Pollard et Garnier avaient imaginé dans ce but un dispositif qui leur a parfaitement réussi et qui utilisait le poids de l'instrument comme moyen d'action sur le commutateur.

À cet effet, ils suspendaient l'instrument à l'extrémité d'une lame de ressort fixée entre les deux contacts du commutateur. Le fil du circuit correspondait à cette lame, et les deux contacts correspondaient l'un avec le téléphone, l'autre avec la sonnerie. Quand le téléphone pendait au-dessous du ressort-support, c'est-à-dire quand il n'était pas mis en action, son poids faisait abaisser la lame de ressort sur le contact inférieur, et la communication de la ligne avec la sonnerie était établie; quand, au contraire, le téléphone était soulevé pour s'en servir, la lame de ressort venait toucher le contact supérieur, et la communication était établie entre la ligne et le téléphone. Pour faire fonctionner la sonnerie, il ne s'agissait donc que d'établir sur le fil de liaison de la ligne avec le contact de sonnerie du commutateur, un interrupteur de courant à la fois conjoncteur et disjoncteur, mis en rapport d'un côté avec le contact de sonnerie, de l'autre avec la pile de cette sonnerie. Un simple bouton de sonnerie électrique ordinaire pouvait suffire pour cela en y adaptant un second contact; mais MM. Pollard et Garnier ont préféré que cette action se fît aussi automatiquement, et ils ont en conséquence combiné le dispositif que nous représentons fig. 47.

Fig. 47.

Dans ce système, comme du reste dans ceux qui ont été combinés depuis, on met à contribution deux téléphones: l'un que l'on applique constamment contre l'oreille, l'autre que l'on tient devant la bouche pour être en mesure de parler tout en écoutant. Ces téléphones sont soutenus par trois fils dont deux contiennent des conducteurs souples; le troisième ne joue d'autre rôle que celui de soutien.

Des quatre fils des deux téléphones, deux sont réunis l'un à l'autre, et les deux autres sont reliés à deux boutons d'attache du commutateur t, t'; les cordons sans conducteurs sont suspendus aux extrémités des deux lames flexibles l, l' qui correspondent à la terre et à la ligne.

Au repos, le poids des téléphones fait appuyer les deux lames l, l' sur les contacts inférieurs S, S'; mais lorsqu'on prend à la main ces appareils, ces lames appuient contre les contacts supérieurs.

Les deux fils de la sonnerie aboutissent aux contacts inférieurs, ceux des téléphones aux contacts supérieurs, et les pôles de la pile sont reliés, l'un au contact inférieur de gauche S', l'autre au contact supérieur de droite T.

Au repos, le système est sur sonnerie, et le courant envoyé de la station opposée, suivrait le circuit L*l*SS'S'*l*'T'; on pourrait donc être appelé; mais si on prend les deux téléphones à la main, le circuit est coupé à travers la sonnerie et établi à travers les téléphones; de sorte que le courant suit le trajet L*l*T*tt*'T'*l*'T. Si on ne soulève qu'un téléphone à la fois, le courant est envoyé à la sonnerie du poste opposé, et suit la route +P*t*LT*tl*'S'P-. On fait donc ainsi, sans s'en douter, les trois manœuvres nécessaires pour appeler, correspondre et mettre l'appareil en position de fournir un appel.

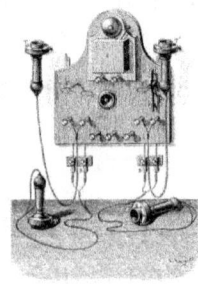

Fig. 48.

Système de MM. Bréguet et Roosevelt.— Dans le système établi par la compagnie Bell à Paris, le dispositif est à peu près semblable au précédent, seulement il n'y a qu'un commutateur à ressort, et c'est avec un bouton de sonnerie ordinaire qu'on provoque les appels. Sur une planchette d'acajou suspendue à la muraille, sont disposées d'abord une sonnerie trembleuse ordinaire au-dessous de laquelle est fixé un bouton transmetteur, et en second lieu deux fourches servant de support aux deux téléphones et dont une est adaptée à la bascule d'un commutateur disposé comme une clef de Morse. Les deux téléphones sont reliés, par deux fils conducteurs disposés de manière à être extensibles, à quatre boutons d'attache dont deux sont reliés directement l'un à l'autre et les deux autres à la ligne, à la terre et à la pile par l'intermédiaire du commutateur, du bouton transmetteur et de la sonnerie. La figure 48 montre ce dispositif.

Le commutateur A se compose d'une bascule métallique ac portant au-dessus de son point d'articulation, la fourche de suspension F' de l'un des téléphones; elle se termine par deux taquets *a* et *c* au-dessous desquels sont fixés les deux contacts du commutateur, et un ressort presse le bras inférieur de la bascule de manière à faire appuyer constamment l'autre bras contre le contact supérieur. Pour plus de sûreté, une languette d'acier *ab* adaptée à l'extrémité inférieure de la bascule, frotte contre une colonnette *b* munie de deux contacts isolés qui correspondent à ceux de la planchette. La bascule est en communication avec le fil de ligne par l'intermédiaire du bouton d'appel, et les deux contacts dont nous venons de parler, correspondent l'un, le supérieur, avec l'un des fils des téléphones qui sont intercalés dans le même circuit, l'autre avec la sonnerie S, qui elle-même communique à la terre. Il résulte de cette disposition, que quand le téléphone de droite appuie de tout son poids sur son support, la bascule du commutateur est inclinée sur le contact inférieur, et, par conséquent, la ligne est mise directement en rapport avec la sonnerie, ce qui permet d'appeler la station. Quand, au contraire, le téléphone est enlevé de son support, la bascule est sur le contact supérieur, et les téléphones sont reliés à la ligne.

Pour appeler la station en correspondance, il suffit d'appuyer sur le bouton transmetteur; alors la liaison de la ligne avec les téléphones est brisée et établie avec la pile du poste, laquelle envoie un courant à travers la sonnerie du poste correspondant. Pour obtenir ce double effet, le ressort de contact du bouton transmetteur appuie en temps ordinaire contre un contact adapté à une équerre qui l'enveloppe par sa partie antérieure, et, au-dessous de ce ressort, se trouve un second contact qui communique avec le pôle positif de la pile du poste. L'autre contact correspond au fil de ligne, et une liaison est établie entre le fil de terre et le pôle négatif de la pile du poste, ce qui fait que ce fil de terre est commun à trois circuits:

1° Au circuit des téléphones;

2° Au circuit de la sonnerie;

3° Au circuit de la pile locale.

La seconde fourche qui sert de support au téléphone de droite est fixée sur la planchette et n'a aucun rôle électrique à remplir.

Il est facile de comprendre que ce dispositif peut être varié de mille façons différentes, mais nous nous bornerons au modèle que nous venons de décrire qui est le plus pratique.

Système de M. Edison.—Avec les téléphones à pile, le problème est plus complexe, à cause de l'emploi d'une pile qui doit être commune à deux systèmes d'appareils, et de la bobine d'induction qui doit être intercalée dans deux circuits distincts. La figure 49 représente le modèle qui a été adopté pour le téléphone de M. Edison. Dans ce dispositif, la planchette d'acajou porte au milieu une petite étagère C pour y poser les deux téléphones par leur partie plate. La sonnerie S est mise en action par un parleur électro-magnétique P qui peut servir, par l'adjonction d'une clef Morse M au système, à l'échange d'une correspondance en langage Morse, si les téléphones faisaient défaut, ou pour l'organisation de ces téléphones eux-mêmes.

Au-dessous de ce parleur, est disposé un commutateur à bouchon D pour mettre la ligne en transmission ou en réception, avec ou sans sonnerie, et enfin au-dessous de la planchette étagère C, est disposée, dans une petite boîte fermée E, la bobine d'induction destinée à transformer les courants voltaïques en courants induits.

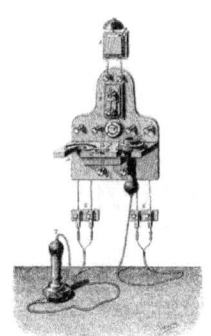

Fig. 49.

Quand le commutateur est placé sur réception, la ligne correspond directement soit au parleur, soit au téléphone récepteur, suivant le trou dans lequel le bouchon est introduit; quand, au contraire, il est placé sur transmission, la ligne correspond au circuit secondaire de la bobine d'induction. Dans ces conditions, la manœuvre ne peut plus être automatique; mais comme ce genre de téléphone ne peut être appliqué avec avantage que pour la télégraphie et que ce sont alors des personnes habituées aux appareils électriques qui en font usage, cette complication ne peut présenter d'inconvénients.[Table des Matières]

SONNERIES D'APPEL ET AVERTISSEURS.

Les sonneries d'appel appliquées aux services téléphoniques ont été combinées de diverses manières. Quand on emploie les sonneries trembleuses, comme dans les cas dont il a été question précédemment, il devient nécessaire d'employer une pile, et le grand avantage que présente le téléphone à courants induits se trouve ainsi notablement amoindri. On a donc cherché à se passer de pile et on a imaginé d'employer des sonneries magnéto-électriques.

Ce sont généralement deux timbres entre lesquels oscille un marteau, dont le support est constitué par l'armature polarisée d'un électro-aimant. Au-dessous de ce système, est disposé l'appareil magnéto-électrique qui, étant tourné à l'aide d'une manivelle, envoie les courants alternativement renversés, nécessaires pour communiquer au marteau un mouvement vibratoire, et ce mouvement est suffisant pour faire carillonner les deux timbres. Au-dessous de la manivelle de ce système magnéto-électrique, se trouve un commutateur à deux contacts qui dispose l'appareil pour la réception ou la transmission.

Dans un autre système imaginé en Allemagne, on utilise le téléphone lui-même pour l'avertissement, et voici comment.

À l'état de repos, le téléphone transmetteur est remplacé par un système semblable qui est terminé par un cornet allongé en forme de porte-voix. Au poste opposé se trouve un timbre en acier de 12 centimètres environ de diamètre, qui peut être frappé aisément par un marteau en bois dur monté sur un ressort. Perpendiculairement à la direction du choc et un peu au-dessous du timbre, est placé, en face de son ouverture, un barreau aimanté qui est en communication avec la ligne téléphonique par des bobines d'induction. Lorsque le timbre frappé par le marteau entre en vibration en rendant un son strident, le barreau aimanté est influencé, et transmet à l'autre station ce son qui a une intensité beaucoup plus grande que la voix humaine, et le pavillon du porte-voix concentrant les vibrations aériennes résultantes, fait entendre ce son dans toute l'étendue de l'appartement où est l'expérimentateur; on est ainsi dispensé de l'emploi de la sonnerie électrique et de sa pile qui sont étrangères au téléphone.

La Compagnie du téléphone Bell à Paris a disposé encore un petit système d'appel, qui est bien suffisant et qui a l'avantage de servir de téléphone eu même temps. C'est un modèle analogue à celui que nous avons désigné sous le nom de téléphone à tabatière, et qui possède un commutateur à bouton au moyen duquel la ligne est mise en rapport avec le système électro-magnétique de l'appareil, ou avec une pile capable de faire vibrer assez énergiquement ce genre de téléphone. Quand on appelle, on presse le bouton, et le courant de la pile est envoyé à travers l'appareil correspondant qui se met à vibrer sous l'influence d'un cri que l'on émet, et quand on est prévenu que le signal est reçu, on abandonne le bouton, ce qui permet de parler et de recevoir comme avec des téléphones ordinaires.

Fig. 50.

Système de M. de Weinhold.—M. Zetzche parle avec éloge d'un avertisseur, combiné par le professeur A. de Weinhold qui est, du reste, analogue à celui de M. Lorenz que nous représentons fig. 50, et dont l'organe sonore est un timbre d'acier T de 13 à 14 centimètres de diamètre accordé à environ 420 doubles vibrations par seconde. «Ce diamètre et cet accordement, dit-il, ne semblent pas sans quelque importance, et l'on ne peut s'en éloigner beaucoup sans nuire à l'effet. Le timbre a son orifice tourné en bas, et est fixé par son milieu sur un support. Ce dernier est traversé par une barre aimantée recourbée légèrement, pourvue à ses deux extrémités d'appendices en fer entourés de bobines d'induction N, S. Le barreau aimanté du téléphone se termine également par un appendice en fer renfermé dans une bobine. Dans les deux cas, les changements qui se produisent dans l'état magnétique, paraissent être plus intenses que dans les aimants dépourvus d'appendices. La barre aimantée est placée à l'intérieur de la cloche dans le sens d'un de ses diamètres, de sorte que les appendices en touchent presque la paroi.

«Lors donc que le timbre vient à être frappé à un endroit distant d'environ 90° de ce diamètre, au moyen d'un battant en bois M, mu par un ressort et que la main ramène en arrière en tendant le ressort (comme avec les timbres de table) pour le relâcher ensuite, les vibrations qui lui sont communiquées envoient des courants dans les bobines, et ces courants produisent dans la plaque de fer du téléphone des vibrations identiques, qu'un résonnateur conique adapté au téléphone renforce suffisamment, pour qu'on puisse encore les entendre facilement à quelques pas de distance. Pour les usages ordinaires, la bobine du timbre est fermée à court circuit au moyen d'un ressort métallique R, et par conséquent, lorsqu'on frappe le timbre, ce ressort doit être baissé pour faire cesser cette fermeture à court circuit. Un appareil du même genre a encore été combiné par M. W. E. Fein à Stuttgart.»

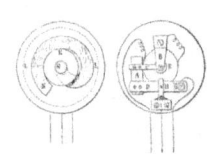

Fig. 51. et 52.

Système de MM. Dutertre et Gouhault.—
Une des plus jolies solutions du problème de
l'avertissement téléphonique, est celle qu'ont
présentée récemment MM. Dutertre et Gouhault et
que nous représentons fig. 51 et 52, l'appareil étant
vu sur ses deux faces opposées. C'est une sorte de
téléphone en tabatière analogue à celui que nous
avons représenté fig. 25 et qui est disposé de
manière à transmettre ou à recevoir l'avertissement,
suivant la manière dont il est posé sur son support,
lequel n'est autre qu'une petite console ordinaire
pendue à la muraille. Quand il est posé sur cette
console de manière à présenter extérieurement
l'embouchure téléphonique, il est dans la position
de réception, et alors il peut fournir l'appel. Quand,
au contraire, il est renversé sur son support de bas
en haut, il fournit l'appel à l'autre station en
déterminant, sous l'influence d'une pile, les
vibrations d'un trembleur, et ces vibrations se
trouvent assez fortement répercutées dans l'appareil
en correspondance pour fournir l'appel. En
appuyant alors le doigt sur un petit bouton à ressort,
et en le prenant à la main, on peut s'en servir
comme d'un téléphone ordinaire.

Dans cet appareil, l'aimant NS, fig. 51, est
disposé en forme de limaçon, comme ceux dont il a
déjà été question, mais le noyau de fer doux S sur
lequel est adaptée la bobine E peut déterminer à ses
deux extrémités deux effets différents. D'un côté, il
réagit sur la lame vibrante LL de l'appareil
téléphonique, comme dans les appareils ordinaires,
de l'autre, il réagit sur une petite armature adaptée à

l'extrémité d'une lame vibrante C, fig. 52, qui, étant tendue contre un contact fixé au pont B, constitue un trembleur électro-magnétique. À cet effet, ce pont communique métalliquement avec le fil de la bobine dont l'autre bout correspond au fil de ligne, et le ressort C est monté sur une pièce A qui porte en même temps un autre ressort DG agissant sur deux contacts, l'un situé en G et qui correspond au fil de terre, l'autre situé en H et qui est réuni au pôle positif de la pile. Un petit bouton mobile qui dépasse le couvercle de la boîte en passant à travers un trou, est fixé en G, et toute cette partie de l'appareil fait face au fond de la boîte. La lame vibrante et son embouchure constituent la partie supérieure, de sorte que tout les mécanismes que nous venons de décrire sont montés sur une cloison intermédiaire entre les deux fonds de la boîte.

Quand cette boîte est appuyée sur son fond, du côté de la fig. 52, le petit bouton adapté en G appuie sur le ressort DG et en le soulevant rompt la communication avec la pile; la bobine de l'appareil est alors simplement réunie au circuit, et elle peut en conséquence recevoir les courants transmis qui suivent le chemin suivant: le fil de ligne, bobine E, pont B, ressort C, ressort DG, contact de terre. Si ces courants sont transmis par un trembleur, ils sont assez forts pour déterminer un bruit capable d'être entendu de tous les points d'une pièce, et en conséquence l'avertissement peut être donné de cette manière. Si ces courants résultent d'une transmission téléphonique, on place l'appareil à l'oreille en ayant soin de pousser avec le doigt le bouton en G, et l'échange des correspondances se fait comme avec les appareils ordinaires; mais il est plus simple d'avoir pour cet usage un second téléphone intercalé dans le circuit et qui est plus maniable. Quand la boîte est renversée sur son embouchure, le bouton G ne pressant plus le ressort DG, le courant de la pile réagit sur le trembleur de l'appareil et transmet l'appel à la station correspondante en suivant la route: I D A C B E, ligne, terre et pile, et cet appel subsiste jusqu'à ce que le correspondant ait coupé le courant en prenant lui-même son appareil, ce qui prévient l'autre qu'on est prêt à entendre.

Système de M. Puluj.—Voici encore un système avertisseur proposé par le docteur Puluj. Il se compose de deux téléphones sans embouchure, reliés entre eux et dont les bobines sont placées en face des branches de deux diapasons, accordés le plus exactement possible sur le même ton. Une sonnette en métal est adaptée à la face opposée de chacun des diapasons, et un fil suspendu à leur portée, est munie d'une petite boule en contact avec leurs branches. Dès que, à la station de départ on fait vibrer le diapason en le frappant avec un marteau de fer recouvert de peau, le diapason de l'autre station se trouve mis en vibration, et sa boule fait retentir la sonnette. Dès que la première station a reçu le même signal de la seconde, on adapte aux téléphones des embouchures à membranes de fer, et l'on entame la correspondance. On peut, paraît-il, en se servant d'un résonnateur, renforcer le son parvenu à la station de réception au point de le rendre perceptible dans une grande salle, et le signal par la sonnerie peut être entendu dans une pièce attenante, même à travers une porte fermée.[Table des Matières]

APPLICATIONS DU TÉLÉPHONE.

Les applications du téléphone sont beaucoup plus nombreuses qu'on l'aurait pensé à première vue. Au point de vue du service télégraphique, son usage ne peut être évidemment qu'assez restreint, puisqu'il ne laisse pas de traces des dépêches transmises, et que sa vitesse de transmission est moins grande que celle des télégraphes perfectionnés; mais il est une foule de cas où son emploi peut être précieux, même comme système télégraphique, car pour le faire fonctionner il n'est pas besoin d'une éducation télégraphique spéciale. Le premier venu peut transmettre et recevoir avec le téléphone, ce qu'on ne pourrait certainement pas faire avec les appareils télégraphiques, même les plus simples. Aussi ce système est-il employé maintenant pour le service des établissements publics et industriels, pour les services des mines, pour les travaux sous-marins, pour la marine militaire, surtout lorsque plusieurs vaisseaux marchent de conserve dans les mêmes eaux et à la remorque les uns des autres, enfin, pour les opérations militaires, soit pour les transmissions d'ordres à divers corps d'armée, soit pour les correspondances à échanger dans les écoles de tir.

En Amérique, le service des télégraphes municipaux et des télégraphes privés à l'intérieur des villes est effectué de cette manière, et il est probable que ce système sera prochainement adopté en Europe. Déjà en Allemagne un service de cette nature est établi depuis l'automne dernier aux bureaux télégraphiques de certaines villes, et le Post-office de Londres s'occupe en ce moment de l'établir en Angleterre. Il est à supposer que le réseau municipal de notre administration française sera un jour ou l'autre desservi ainsi. Mais indépendamment des services qu'il peut rendre comme appareil de correspondance, le téléphone peut être d'un grand secours aux services télégraphiques eux-mêmes en fournissant un moyen des plus simples d'obtenir un grand nombre de transmissions télégraphiques simultanées à travers un même fil et même d'être associés en *Duplex* avec des télégraphes Morse. Ses applications sous la forme de microphone sont incalculables, et le proverbe qui dit que *les murs ont des oreilles* pourra devenir de cette manière matériellement vrai. On est effrayé des conséquences que pourrait avoir un organe aussi indiscret. MM. les diplomates devront évidemment redoubler de réserve, et les tendres confidences ne pourront plus se faire avec le même abandon. Y gagnera-t-on? nous n'osons le croire, mais en revanche le médecin pourra vraisemblablement un jour en tirer parti pour étudier avec une plus grande facilité tout ce qui se passe dans notre corps.[Table des Matières]

APPLICATION DU TÉLÉPHONE AUX TRANSMISSIONS TÉLÉGRAPHIQUES SIMULTANÉES.

L'une des plus curieuses et des plus importantes applications du téléphone est celle qu'on peut en faire aux appareils télégraphiques pour transmettre simultanément plusieurs dépêches à travers le même fil, et nous avons vu que c'était cette application qui avait conduit MM. Gray et Bell à leurs téléphones parlants que nous admirons tant aujourd'hui, et qui ont fait perdre un peu de vue les conceptions primitives, bien qu'elles aient peut-être une plus grande importance pratique. Ce sont de ces systèmes dont nous allons maintenant nous occuper.

Pour obtenir la transmission simultanée, il n'est pas besoin d'un téléphone articulant; les téléphones musicaux imaginés par MM. Pétrina, Elisha Gray, Froment, etc., peuvent parfaitement suffire, et pour qu'on puisse le comprendre, il me suffira d'en exposer brièvement le principe: Qu'on imagine aux deux stations en correspondance sept vibrateurs électro magnétiques accordés sur les différentes notes de la gamme et d'après un même diapason, et admettons qu'une touche analogue à une clef de télégraphe Morse permette, par son abaissement, de faire réagir électriquement chaque vibrateur; on comprendra aisément que ces vibrateurs pourront faire réagir par le même moyen les vibrateurs correspondants de la station opposée, mais il faudra qu'ils soient accordés sur la même note, et la durée des sons émis sera en rapport avec la durée de l'abaissement des touches. On pourra donc, au moyen d'un abaissement court ou prolongé, obtenir des sons longs et brefs qui pourront constituer les éléments du langage télégraphique usité dans le système Morse, et, par conséquent, se prêter à une transmission télégraphique auditive. Admettons maintenant que, devant chacun des vibrateurs dont nous avons parlé, soit placé un employé télégraphiste façonné à ce genre de transmission, et que ces employés transmettent en même temps par ce moyen des dépêches différentes: le fil télégraphique se trouvera instantanément traversé par sept courants interrompus et superposés qui, à la station d'arrivée, sembleraient ne devoir fournir sur tous les vibrateurs qu'un mélange de bruits confus, mais qui, en raison de l'accord existant entre les vibrateurs en correspondance, n'influenceront d'une manière sensible que ceux de ces vibrateurs auxquels ils sont destinés. La prédominance des sons ainsi reproduits, pourra d'ailleurs être accentuée davantage en adaptant à chaque vibrateur un *résonnateur d'Helmholtz*[27], c'est-à-dire un appareil acoustique susceptible de ne vibrer que sous l'influence d'une seule note sur laquelle il aura été accordé. Par ce moyen, il deviendra donc possible de *trier* les sons transmis et de ne faire arriver aux oreilles de chaque employé que les sons qui lui sont destinés. Conséquemment, que les sons soient mêlés ou non sur les vibrateurs d'arrivée, l'employé du *do* ne recevra que des *do*, l'employé du *sol* ne recevra que des *sol*, etc., de sorte que tous les employés pourront correspondre entre eux comme s'ils avaient chacun un fil spécial.

Tel qu'il vient d'être exposé, ce système télégraphique ne permettrait que des transmissions auditives, et l'on ne pourrait pas, par conséquent, obtenir aucune trace des dépêches envoyées. Pour obvier à cet inconvénient, on a imaginé de faire réagir les vibrateurs du poste de réception sur des enregistreurs, en disposant ceux-ci de manière que leur organe électrique présentât assez d'inertie magnétique pour que, étant mis en action sous l'influence des vibrations sonores, il put maintenir l'effet produit tout le temps de la vibration. L'expérience a montré qu'un récepteur Morse, animé par le courant d'une pile locale, suffisait parfaitement pour cela; de sorte qu'en faisant réagir le vibrateur musical comme relais, c'est-à-dire sur un contact en rapport avec la pile locale et le récepteur, on pouvait obtenir sur celui-ci les traces longues et courtes qui sont les éléments constituants du langage Morse.

D'après ces principes, et en considérant les espaces musicaux séparant les différentes notes de la gamme comme suffisants pour être facilement distingués par le résonnateur, on pourrait donc obtenir sept transmissions simultanées à travers le même fil; mais l'expérience a montré qu'il fallait se contenter d'un moins grand nombre. Toutefois, comme on peut appliquer à ce système les moyens de transmission en sens contraire, on peut doubler ce nombre facilement.

Suivant M. G. Bell, l'idée de l'application du téléphone aux transmissions électriques multiples serait venue simultanément à MM. Paul Lacour de Copenhague, à M. Elisha Gray de Chicago, à M. C. Varley de Londres et à M. Edison de New-Marck; mais nous croyons qu'il a fait confusion, car nous voyons déjà, les brevets en mains, que le système de M. Varley date de 1870, que celui de M. Paul Lacour date de septembre 1874, que celui de M. Elisha Gray date de février 1875, et que ceux de MM. Bell et Edison sont postérieurs; mais si on se reporte aux caveats de M. Elisha Gray, on voit que c'est lui qui, le premier, a conçu et exécuté des appareils de ce genre. En effet, dans un caveat rédigé le 6 août 1874, il exposait nettement le système que nous avons décrit précédemment et qui fut la base de ceux dont nous parlerons plus loin. Ce caveat n'était d'ailleurs lui-même qu'un complément de deux autres remplis en avril et en juin 1874. Quant au système de M. Varley, il ne se rapportait que très-indirectement à celui que nous avons exposé. Du reste, M. Bell lui-même semble avoir abandonné maintenant toute prétention à cette invention. Voici, toutefois, ce qu'il disait à cet égard dans son mémoire lu à la Société des ingénieurs télégraphistes de Londres:

«Ayant été frappé de l'idée que la durée plus ou moins grande d'un son musical pouvait représenter le point et la barre de l'alphabet télégraphique, je pensai qu'au moyen d'un clavier de diapasons (analogue à celui d'Helmholtz) adapté à l'une des extrémités d'une ligne télégraphique et disposé de manière à réagir électriquement à l'autre bout de la ligne sur des appareils électro-magnétiques frappant sur des cordes de piano, on pourrait obtenir, par des combinaisons convenables de sons longs et courts, des transmissions télégraphiques simultanées, dont le nombre ne pourrait être limité que par la délicatesse de l'ouïe. Il ne s'agissait pour cela que d'affecter au service de la transmission un employé pour chaque touche du clavier, et de faire en sorte que son correspondant ne put distinguer, au milieu de tous les sons transmis, que celui qui lui était propre. Cette idée envahit tellement mon esprit que je ne m'occupai plus que de résoudre le problème ainsi posé, et c'est ce qui m'a conduit à mes recherches sur la téléphonie.

«Pendant plusieurs années, je cherchai le meilleur moyen de reproduire, à distance, les sons musicaux au moyen de Rhéotomes à trembleur; celui qui m'a donné les meilleurs résultats était une lame d'acier vibrant entre deux contacts et dont les vibrations étaient provoquées et entretenues électriquement au moyen d'un électro-aimant et d'une batterie locale. Par suite de sa vibration, les deux contacts se trouvaient alternativement touchés, et il en résultait des fermetures alternatives de deux circuits, l'un local qui entretenait le mouvement de la lame, l'autre en rapport avec la ligne, et qui réagissait à distance sur le récepteur de manière à lui faire accomplir des vibrations isochrones. Une clef Morse était adaptée dans ce dernier circuit près de l'appareil transmetteur, et quand elle était abaissée, les vibrations étaient transmises à travers la ligne; quand elle était relevée, ces vibrations cessaient, et l'on comprend aisément qu'en abaissant plus ou moins longtemps la clef, on pouvait obtenir les sons brefs et longs nécessaires aux différentes combinaisons du langage télégraphique. De plus, si la lame vibrante de l'appareil récepteur avait été réglée de manière à vibrer à l'unisson de celle de l'appareil transmetteur correspondant, elle devait vibrer beaucoup mieux avec ce transmetteur qu'avec un autre qui n'aurait pas eu sa lame ainsi accordée.

«Il est facile de comprendre, d'après cette disposition d'interrupteur, comment on peut obtenir avec plusieurs lames de sons différents des transmissions simultanées, et comment, au poste de réception, il est possible de distinguer les sons qui sont destinés à chaque employé, puisque c'est celui qui se rapporte au son fondamental de chaque lame vibrante qui est reproduit le plus fortement par cette lame. Conséquemment, les sons provoqués par la lame vibrante du *do*, par exemple, ne seront bien perceptibles à la station d'arrivée que sur l'appareil dont la lame aura été accordée sur le *do*, et il en sera de même pour les autres lames; de sorte que les sons arriveront à destination, sinon sans confusion, du moins suffisamment clairement pour être distingués par les employés.

«Sans entrer dans les détails de cette disposition, je dirai seulement qu'il existait dans ce système plusieurs défauts qui peuvent se résumer ainsi:

«1° L'employé qui devait recevoir les dépêches devait avoir une bonne oreille musicale afin de bien distinguer la valeur des sons.

«2° Les signaux ne pouvant être produits qu'autant que les courants transmis sont dans la même direction, il fallait employer deux fils pour échanger les dépêches dans les deux directions.

«Je surmontai la première difficulté en adaptant au récepteur un appareil auquel je donnai le nom d'interrupteur de circuit vibratoire et qui permettait d'enregistrer automatiquement les sons produits. Cet interrupteur était disposé dans le circuit d'une pile locale qui pouvait actionner un appareil Morse sous certaines conditions. Quand les sons émis par l'appareil ne correspondaient pas à ceux pour lesquels il avait été accordé, l'interrupteur restait sans action sur l'appareil télégraphique; au contraire il agissait sur lui quand les sons émis étaient ceux qui devaient être interprétés, et naturellement cette action durait plus ou moins, suivant que ces sons étaient brefs ou longs. Dès lors, on obtenait sur l'appareil télégraphique les points et les traits qui correspondaient aux signaux transmis.»

M. Bell dit encore qu'il a appliqué ce système aux télégraphes électro-chimiques, mais nous n'insisterons pas davantage sur cette partie de l'invention, puisque, ainsi que nous l'avons dit, il semble l'avoir abandonnée.

Système de M. Paul Lacour de Copenhague.—Le système de M. Paul Lacour a été breveté le 2 septembre 1874, mais les premières expériences ont été faites dès le 5 juin de la même année. À cette époque, comme M. Lacour craignait que les vibrations ne fussent pas perceptibles sur de longues lignes, les essais ne furent entrepris que sur une ligne assez courte; mais au mois de novembre 1874, de nouvelles expériences furent entreprises entre Frédériccia et Copenhague, sur une ligne dont la longueur était de 390 kilomètres, et on put constater que les effets vibratoires pouvaient être transmis facilement, même sous l'influence d'une pile assez faible.

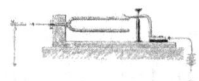

Fig. 53.

Dans le système de M. P. Lacour, l'appareil transmetteur est un simple diapason soutenu horizontalement et dont l'un des bras réagit sur un interrupteur de courant qui peut produire à travers la ligne un nombre d'émissions de courants exactement égal à celui des vibrations du diapason. Si un manipulateur Morse est interposé dans le circuit, on comprend aisément qu'en le manœuvrant de manière à produire les traits et les points de l'alphabet Morse, on pourra reproduire ces sortes de signaux à la station opposée, et ces signaux s'y manifesteront par des sons longs et courts, si un récepteur électro-magnétique est disposé en conséquence. Ce transmetteur est indiqué fig. 53.

Fig. 54.

La fig. 54 représente le récepteur de M. Lacour. C'est un diapason F non plus en acier comme le diapason transmetteur, mais en fer doux et dont chacune des branches est introduite dans le tube d'une bobine électro-magnétique CC; deux électro-aimants particuliers M, M réagissent très-près de l'extrémité antérieure de ces branches et de telle manière que les polarités développées sur ces branches sous l'influence des bobines CC, se trouvent être de noms contraires à celles des électro-aimants M, M. Si ce double système électro-magnétique est interposé dans un circuit de ligne, il arrivera que, pour chaque émission de courant qui sera transmise, il se produira une attraction correspondante des branches du diapason, d'où naîtra une vibration, et par suite un son si ces émissions sont nombreuses. Ce son sera naturellement bref ou long, suivant la durée d'action du transmetteur, et il sera le même que celui du diapason de cet appareil. De plus, si l'une des branches du diapason réagit sur un contact P introduit dans le circuit d'une pile locale correspondant à un récepteur Morse, il pourra se produire sur ce récepteur des traces qui seront longues ou courtes suivant la durée des sons reproduits, car l'électro-aimant du Morse se trouvera, si promptement actionné par ces fermetures successives de courant, qu'il ne changera pas de place pendant toute la durée de chaque vibration. «Je n'ai pu encore, dit M. Lacour, à l'Académie des sciences de Danemark, en 1875, calculer le temps nécessaire pour produire dans le diapason du récepteur des vibrations d'un ordre déterminé. Ce temps est fonction de divers facteurs, mais l'expérience a montré que le temps qui s'écoule avant la fermeture du circuit local est une fraction de seconde si petite, qu'elle est presque inappréciable, même quand le courant est très-faible.

«Comme les courants intermittents n'agissent sur un diapason qu'à la condition que ce diapason vibre à l'unisson de celui qui produit ces courants, il en résulte que, si on dispose à l'une des extrémités d'un circuit une série de diapasons transmetteurs accordés sur différentes notes de l'échelle musicale, et que l'on dispose à l'autre extrémité une série semblable de diapasons électro-magnétiques accordés exactement sur les autres, les courants intermittents qui seront transmis par les diapasons transmetteurs, se superposeront sans se confondre, et chacun des diapasons récepteurs électro-magnétiques ne sera impressionnable qu'aux courants lancés par le diapason vibrant à son unisson. De cette façon, les combinaisons de signaux élémentaires représentant un mot, pourront être télégraphiées au même instant.»

M. Lacour énumère de la manière suivante les applications que l'on peut faire de ce système: «si les clefs reliées aux diapasons transmetteurs sont placées les unes à côté des autres et abaissées successivement ou simultanément en nombre plus ou moins grand, il suffira de jouer de ces clefs comme on joue de celles d'un instrument de musique pour jouer un air à distance, ou bien encore les signaux transmis simultanément pourront appartenir chacun à une dépêche différente. Ce système permettra donc à la station extrême d'une ligne de communiquer avec une ou plusieurs stations intermédiaires et vice-versâ, sans troubler en rien l'installation des autres postes. Ainsi deux des stations pourront s'envoyer des signaux sans que les autres s'en aperçoivent. Cette faculté de transmettre beaucoup de signaux à la fois donne un moyen avantageux de perfectionner le télégraphe autographique. Dans les appareils qui existent actuellement, tels que ceux de Caselli, de d'Arlincourt et autres, il n'y a qu'un seul style traceur, et, pour obtenir la copie d'un télégramme, il faut que ce style passe sur toute sa surface; mais avec le téléphone, on peut placer un certain nombre de styles à côté les uns des autres de manière à figurer un peigne, et il suffit de tirer ce peigne dans un sens pour qu'il parcoure la surface du télégramme. On obtiendra ainsi en moins de temps une copie plus fidèle.»

M. Lacour fait remarquer également que son système offre cet avantage déjà signalé par M. Varley, que ses appareils laissent passer les courants ordinaires sans en accuser la présence, d'où il résulterait que les courants accidentels qui troublent généralement les transmissions télégraphiques, seraient sans action sur les systèmes télégraphiques dont il vient d'être question.

Dans l'origine, M. Lacour n'avait pas adapté au transmetteur de son appareil un système électro-magnétique pour entretenir le mouvement du diapason; mais il n'a pas tardé à reconnaître que cet accessoire était indispensable, et il a dû faire de ses diapasons des électro-diapasons. D'un autre côté, il a pensé à transformer les courants transmis en courants ondulatoires en interposant dans le circuit, comme l'avait fait du reste M. Elisha Gray, une bobine d'induction. Enfin, pour obtenir la mise en action immédiate des diapasons et la cessation également immédiate de leur action, il les construisit de manière à rendre leur inertie aussi petite que possible. Le moyen qui lui a le mieux réussi a été d'introduire d'abord les deux branches du diapason dans une même bobine, et de prolonger en arrière le pied du diapason de manière qu'après s'être recourbé, il passât à travers une seconde bobine, se divisant en deux branches et embrassant sans les toucher les deux branches vibrantes. Lorsqu'un courant traverse les deux bobines, il produit dans ces deux systèmes qui constituent une sorte d'électro-aimant en fer à cheval, des polarités contraires qui provoquent une double réaction sur les branches vibrantes, réaction par répulsion exercée par ces deux branches en raison de leur même polarité, réaction par attraction par les deux autres branches en raison de leurs polarités contraires, et cette action est renouvelée par le jeu d'un interrupteur de courant adapté à l'une des branches vibrantes du diapason.

Système de M. Elisha Gray.—Dans le système breveté primitivement, chacun des transmetteurs dont nous représentons fig. 55 la disposition, se compose d'un électro-aimant M M soutenu au-dessous d'une petite tablette de cuivre BS, de manière que ses pôles traversant cette tablette viennent affleurer la surface supérieure de celle-ci. Au dessus de ces pôles se trouve fixée une lame d'acier AS qui peut être tendue plus ou moins au moyen d'une vis S, et contre laquelle vient appuyer une autre vis *c*, mise en rapport électrique avec une pile locale R' par l'intermédiaire d'une clef Morse. Au-dessous de cette lame AS se trouve un contact *d* relié au fil de ligne L, lequel contact, étant rencontré par la lame au moment de son attraction par l'électro-aimant, forme le courant d'une pile de ligne P qui agit sur le récepteur de la station opposée. Enfin des communications électriques établies entre la pile locale R' et l'électro-aimant, comme on le voit sur la figure, permettent de déterminer à chaque abaissement de la clef, et à la manière des trembleurs ordinaires, des vibrations de la part de la lame d'acier AS, vibrations qui, par une tension convenable de cette lame et une intensité donnée de la pile R', peuvent fournir une note musicale déterminée. De plus, comme à chaque vibration, cette lame AS rencontre le contact *d*, des émissions du courant de ligne sont produites à travers la ligne L et peuvent réagir sur l'appareil récepteur en lui faisant reproduire exactement les mêmes vibrations que sur l'appareil transmetteur.

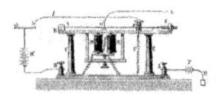

Fig. 55.

L'appareil récepteur que nous représentons fig. 56 est exactement semblable à celui que nous venons de décrire, seulement le contact d manque au-dessous de la lame vibrante AS, et le contact c, au lieu de correspondre au fil de ligne, est relié électriquement à un enregistreur E et à une pile locale P. Or il résulte de cette disposition que quand la lame AS vibre sous l'influence des courants interrompus traversant l'électro-aimant MM, des vibrations semblables sont transmises à travers l'enregistreur; mais si l'organe électro-magnétique de cet enregistreur est convenablement réglé, ces vibrations ne pourront produire que l'effet d'un courant continu, et dès lors les traces laissées sur l'appareil seront plus ou moins longues suivant la durée des sons produits; on aura donc de cette manière l'enregistration des traits et des points qui composent les signaux du vocabulaire Morse.

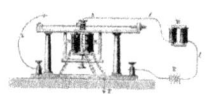

Fig. 56.

Si l'on considère maintenant que la lame AS peut vibrer d'autant plus facilement, sous l'influence des attractions électro-magnétiques, que le nombre de ces attractions se rapproche davantage de celui des vibrations correspondantes au son fondamental qu'elle peut émettre, on comprend immédiatement qu'en accordant cette lame sur celle de l'appareil transmetteur correspondant de manière à lui faire produire le même son, elle deviendra particulièrement impressionnable aux vibrations transmises par le transmetteur, et les autres vibrations qui pourraient l'affecter n'agiront que faiblement. De plus, un résonnateur placé au-dessus de cette lame pourra encore augmenter dans une grande proportion cette prédisposition; de sorte que si plusieurs systèmes de ce genre, accordés sur des tons différents, fournissent des transmissions simultanées, les sons en rapport avec les différentes vibrations transmises, se trouveront en quelque sorte triés et distribués, malgré leur mélange, sur les récepteurs qui leur sont spécialement appropriés, et chacun d'eux pourra conserver les traces des sons émis, par l'adjonction de l'enregistreur qui pourra être d'ailleurs un récepteur Morse ordinaire convenablement disposé. Suivant M. Elisha Gray, il peut y avoir autant d'appareils transmetteurs et de circuits locaux indépendants qu'il y a de tons et de demi-tons dans deux octaves, ou plus, pourvu que chaque lame vibrante soit accordée sur une note différente de l'échelle musicale. Les instruments pourront être placés les uns à côté des autres, et leurs clefs locales respectives, disposées comme les touches d'un piano, permettront de jouer facilement un air composé de notes et d'accords; on pourra encore espacer les appareils et même les éloigner assez les uns des autres pour que chaque employé ne soit pas importuné par des sons autres que ceux qui sont propres à l'appareil dont il est chargé.

Dans une nouvelle disposition qui a figuré à l'Exposition universelle de 1878, M. Elisha Gray a modifié assez notablement le mode de fonctionnement des divers organes électro-magnétiques que nous venons de décrire; cette fois les lames sont constituées par de véritables diapasons à une branche qui vibrent continuellement aux deux stations, et les signaux ne sont perçus que par des renforcements dans l'intensité des sons produits. Cette disposition a été la conséquence de la nécessité dans laquelle on se trouve, pour des transmissions multiples de ce genre, de maintenir le circuit de ligne toujours fermé, afin de réagir avec des courants ondulatoires, les seuls qui, ainsi qu'on l'a vu page 39, peuvent conserver à plusieurs sons transmis simultanément leur caractère individuel.

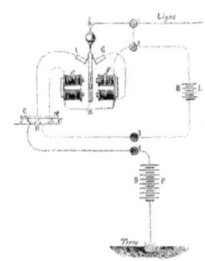

Fig. 57.

Dans ces conditions, le transmetteur se compose, comme on le voit fig. 57, d'une branche de diapason a munie d'une rainure dans laquelle peut courir un curseur pesant afin d'accorder le diapason sur la note voulue, et qui oscille entre deux électro-aimants e et f et deux contacts I et G. Ces électro-aimants ont une résistance très-différente; celle de l'un f est de 3 kilomètres de fil télégraphique, et celle de l'autre ne dépasse pas 400 mètres. Les communications électriques étant établies ainsi qu'on le voit sur la figure, voici ce qui se passe: le courant de la pile locale BL étant fermé à travers les deux électro-aimants *e* et *f* par le contact de repos de la clef Morse H, la lame *a* se trouve sollicitée par deux actions contraires; mais comme l'électro-aimant *f* a plus de spires que l'électro-aimant *e*, son action est prépondérante, et la lame *a* se trouve attirée du côté de *f*, déterminant avec le ressort G un contact qui ouvre une issue moins résistante au courant; celui-ci passant alors presqu'entièrement par G, *b*, 1, 2, B, permet à l'électro-aimant *e* d'exercer à son tour son action; la lame *a* se trouve alors attirée vers *e* et, déterminant un contact sur le ressort I, peut transmettre à travers la ligne télégraphique le courant de ligne BP, si la clef H est en ce moment abaissée sur le contact de transmission; si elle ne l'est pas, aucun effet n'a lieu de ce côté, mais comme la lame *a* a abandonné le ressort G, le premier effet attractif de l'électro-aimant *f* se renouvelle et tend à attirer de nouveau la lame vers *f*, et les choses se renouvelant ainsi indéfiniment, la vibration de la lame *a* se trouve entretenue, déterminant des émissions de courants de ligne en rapport avec ces vibrations, toutes les fois que la clef H se trouve abaissée. Ces vibrations sont d'ailleurs facilitées par l'élasticité de la lame qui doit d'ailleurs être mise en vibration mécaniquement au début.

Fig. 58.

Le récepteur que nous représentons fig. 58, consiste dans un électro-aimant M, monté sur une caisse sonore C et dont l'armature est constituée par une lame de diapason LL solidement fixée sur la caisse avec arqueboutement par une traverse T. Cette armature porte un curseur P, mobile dans une rainure, qui permet d'accorder ses vibrations propres sur la note fondamentale de la caisse sonore C, laquelle doit vibrer à l'unisson avec elle et est disposée en conséquence. Par conséquent, quand la lame LL vibre, l'intensité de la note fondamentale est amplifiée suivant les lois bien connues des résonnateurs, et un son ne pourra être reproduit par elle qu'à la condition de vibrer à l'unisson avec elle. Dans ces conditions, la caisse aussi bien que le diapason agira donc comme un analyseur des vibrations transmises par les courants, et pourra faire fonctionner l'enregistreur en réagissant elle-même sur un interrupteur de courant local. Pour obtenir ce résultat, il suffit de tendre devant l'ouverture de la caisse une membrane de baudruche ou de parchemin et d'y adapter un contact de platine disposé de manière à rencontrer, quand la membrane entre en vibration, un ressort métallique relié à un enregistreur quelconque, soit un appareil Morse. Toutefois, comme en Amérique les dépêches sont généralement reçues au son, on n'emploie pas ce complément du système.

On règle l'appareil non-seulement au moyen du curseur P mais encore d'une vis de réglage V qui permet de placer l'électro-aimant M dans une position convenable; ce réglage est assuré au moyen de la petite vis *v*, et l'appareil est relié à la ligne par le bouton d'attache B. Ce double dispositif est naturellement établi pour chacun des systèmes de transmission.

Comme je le disais, on pourrait à la rigueur transmettre simultanément de cette manière sept dépêches différentes à la fois, mais jusqu'à présent M. Elisha Gray n'a disposé ses appareils que pour quatre; il leur a appliqué toutefois la combinaison en *duplex*, ce qui lui a permis de doubler le nombre des transmissions; de sorte que huit dépêches peuvent être transmises en même temps, quatre dans le même sens, quatre en sens contraire.

D'après l'*Engineering* et du reste d'après ce que m'a affirmé M. Haskins, ce système aurait fonctionné avec le succès le plus complet sur les lignes de la Western-Union Telegraph Company, de Boston à New-York et de Chicago à Milwaukee. Mais depuis ces expériences, de nouveaux perfectionnements ont permis de transmettre un beaucoup plus grand nombre de dépêches.

M. Elisha Gray a combiné encore, conjointement avec M. Haskins, un système dans lequel il peut effectuer des transmissions téléphoniques sur un fil déjà desservi par des appareils Morse. C'est un problème qu'avait résolu avant lui M. Varley; mais le système de M. Elisha Gray paraît avoir fourni des résultats très-importants, et à ce titre il mérite de fixer l'attention. Nous ne le décrirons pas toutefois ici, car nous sortirions du cadre que nous nous sommes tracé, et nous nous réservons d'en parler dans les appendices que nous ajouterons à notre exposé des applications de l'électricité. En attendant, ceux que cette question pourra intéresser trouveront tous les détails nécessaires dans un travail inséré dans le journal de la Société des ingénieurs télégraphistes de Londres, tome VI, p. 506.

Système de M. Varley.—Ce système est évidemment le premier en date, puisqu'il a été breveté en 1870 et que ce brevet indique en principe la plupart des dispositifs adoptés depuis par MM. Paul Lacour, Elisha Gray et G. Bell. Il est basé sur l'emploi du téléphone musical du même auteur que nous avons décrit p. 25 et dont il a, du reste, varié la disposition de plusieurs manières qu'il indique, en le rapportant plus ou moins au système de Reiss.

En fait, le but que s'était proposé M. Varley était de faire fonctionner son appareil téléphonique concurremment avec des instruments à courants ordinaires, par la superposition d'ondes électriques rapides, incapables d'altérer pratiquement le pouvoir mécanique ou chimique des courants formant les signaux ordinaires, mais susceptibles de produire des signaux distincts perceptibles à l'oreille et même à l'œil. «Un électro-aimant, dit-il, offre au premier moment une grande résistance au passage d'un courant électrique, et, par suite, peut être regardé comme un corps partiellement opaque eu égard à la transmission de courants inverses très-rapides ou d'ondes électriques. En conséquence, si on place à la station de transmission un diapason ou un instrument à lame vibrante accordé sur une note déterminée et disposé de manière à avoir son mouvement sans cesse entretenu par des moyens électriques, on pourra, en faisant passer le courant qui l'anime à travers deux hélices superposées constituant l'hélice primaire d'une bobine d'induction, obtenir dans deux circuits distincts deux séries de courants rapidement interrompus qui correspondront aux deux sens de la vibration du diapason, et l'on aura encore les courants induits déterminés dans l'hélice secondaire par ces courants, qui pourront animer un troisième circuit. Ce troisième circuit pourra d'ailleurs être mis en rapport avec une ligne télégraphique déjà desservie par un système télégraphique ordinaire, si on y adapte un condensateur, et l'on pourra obtenir deux transmissions simultanées différentes[28].»

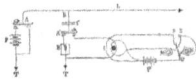 Fig. 59.

La figure 59 représente le dispositif de ce système, D est la lame vibrante du diapason appelée à fournir les contacts électriques pour l'entretien de son mouvement. Ces contacts sont en S et S', et les électro-aimants qui l'actionnent sont en M et M'; la bobine d'induction est en I, et les trois hélices qui la composent sont indiquées par les lignes circulaires qui l'entourent. En A se trouve un manipulateur Morse; un autre est en A', et en P et P' se trouvent les deux piles destinées à animer le système. Le condensateur est en C et le téléphone T à l'extrémité de la ligne L.

Quand la vibration de la lame D se porte à droite et que le contact électrique est effectué en S', le courant de la pile P', après avoir traversé la première hélice, arrive aux électro-aimants M, M' qui l'actionnent en lui donnant une impulsion en sens contraire. Quand au contraire elle se porte vers la gauche, le courant est envoyé à travers le second circuit primaire qui sera équilibré avec le premier. Il en résultera donc dans le circuit induit correspondant à la clef A', une série de courants renversés qui chargeront et déchargeront alternativement le condensateur C, envoyant ainsi sur la ligne une série correspondante d'ondulations électriques qui réagiront sur l'appareil téléphonique placé à l'extrémité de la ligne, et comme ces courants peuvent être transmis avec des durées plus ou moins longues suivant le temps d'abaissement de la clef A', on pourra obtenir sur cet appareil téléphonique une correspondance en langage Morse en même temps qu'une autre correspondance sera échangée avec la clef A et les récepteurs Morse ordinaires.

Pour rendre sensibles à la vue les signaux vibratoires, M. Varley propose d'employer, pour la reproduction des vibrations, un fil d'acier fin, tendu à travers une hélice, en regard d'une fente très-étroite. On place derrière la fente une lumière qui est interceptée par le fil. Mais aussitôt qu'un courant passe, le fil vibre et une lumière apparaît. Une lentille placée en avant projette une image agrandie de la fente lumineuse sur un écran blanc tant que le fil est en vibration.[Table des Matières]

APPLICATIONS DIVERSES DU TÉLÉPHONE.

Applications aux usages domestiques.— Nous avons vu que le téléphone pouvait être employé avec beaucoup d'avantages aux services des établissements publics et privés; ils sont en effet d'une installation beaucoup moins dispendieuse que les tubes acoustiques, et peuvent s'appliquer dans des cas où ceux-ci ne pourraient jamais être employés. Grâce aux avertisseurs dont nous avons parlé, ils présentent les mêmes avantages, et la liaison des appareils entre eux peut être beaucoup mieux dissimulée. La différence du prix d'installation est d'ailleurs environ dans le rapport de 1 à 7.

Pour ce genre d'application, les téléphones magnéto-électriques sont évidemment ceux auxquels on doit donner la préférence, car ils ne nécessitent pas de pile, et sont toujours prêts à fonctionner. On les emploie déjà dans la plupart des bureaux des ministères, et il est probable que d'ici à peu de temps, ils seront l'accompagnement des sonneries électriques pour le service des hôtels et des grands établissement publics et privés; on pourra même les employer dans les maisons particulières pour donner des ordres aux domestiques éloignés ou aux concierges qui, par leur intermédiaire, pourront éviter aux visiteurs la fatigue de monter inutilement plusieurs étages. Dans ce cas, ces appareils devront être accompagnés de commutateurs et de boutons d'appel dont la disposition se devine du reste aisément.

Dans les établissements industriels, les téléphones remplaceront évidemment prochainement les systèmes télégraphiques déjà installés dans beaucoup d'entre eux. Ils pourront alors servir non-seulement à la transmission des ordres ordinaires, mais encore aux services de secours en cas d'incendie, et ils feront partie intégrante des divers systèmes déjà établis dans ce but.

Dans les pays qui ont la liberté de communication télégraphique, le téléphone a déjà remplacé en grande partie les appareils de télégraphie privée jusque-là en usage, et si nous jouissons un jour de ce privilége, il est évident qu'on n'emploiera pas d'autre moyen de correspondance. Espérons que d'ici à peu de temps ce desiderata exprimé depuis si longtemps aux divers gouvernements qui se sont succédé, sera enfin accompli, et le téléphone sera venu juste à point pour inaugurer cette ère nouvelle.

Application aux services télégraphiques.— Les avantages que le téléphone peut rendre aux services télégraphiques est assez restreint, car au point de vue de la célérité de la transmission des dépêches, il aurait évidemment une moindre valeur que beaucoup de nos appareils télégraphiques actuellement en usage, et les dépêches qu'ils fourniraient ne seraient pas susceptibles d'être contrôlées. Néanmoins dans les bureaux municipaux peu chargés de dépêches, ils pourraient présenter des avantages en ce sens que l'on n'aurait pas besoin de former des employés. Mais sur les lignes un peu longues, leur emploi serait évidemment moins avantageux. Le *Journal télégraphique* de Berne a publié à cet égard des considérations d'un grand intérêt sur lesquelles nous appellerons l'attention du lecteur et qu'il résume ainsi:

«1° Pour transmettre une dépêche avec tous les avantages que comporte le système, il faudrait que l'expéditeur pût parler directement au destinataire sans l'intermédiaire d'employés. Et tous ceux qui connaissent l'organisation des réseaux savent que cela n'est pas possible, qu'il faut nécessairement des bureaux intermédiaires de dépôt, et que le public ne peut être admis dans les bureaux de transmission et de réception; par conséquent l'expéditeur devra remettre sa dépêche écrite.

«2° L'employé une fois chargé de ce soin, l'appareil a déjà perdu un de ses principaux avantages, car cet employé va lire la dépêche et devra la prononcer à son correspondant; mais si cette dépêche est écrite dans une langue étrangère, cela devient évidemment impossible.

«3° Enfin, aujourd'hui les administrations possèdent des instruments qui permettent d'expédier les dépêches avec une vitesse plus grande que celle qu'on obtiendrait en les expédiant par la voix.»

Cependant on a installé en Allemagne dans différents bureaux télégraphiques un service téléphonique, et pour qu'on puisse comprendre les avantages qu'on peut y trouver, il suffira de se reporter à la circulaire administrative qui a créé l'établissement de ces services. Voici cette circulaire:

Les bureaux qui seront ouverts au public pour le service des dépêches téléphoniques en Allemagne, seront considérés comme des établissements indépendants; mais ils seront en même temps rattachés aux bureaux télégraphiques ordinaires, lesquels se chargeront de la transmission, sur leurs fils, des télégrammes envoyés au moyen du téléphone.

«La transmission aura lieu de la manière suivante: le bureau qui aura un télégramme à expédier invitera le bureau de destination à mettre l'appareil en place. Dès que les cornets auront été ajustés, le bureau de transmission donnera le signal de l'envoi de la dépêche verbale.

«L'expéditeur devra parler lentement d'une manière claire et sans forcer la voix; les syllabes seules seront nettement séparées dans la prononciation, on aura soin surtout de bien articuler les syllabes finales et d'observer une pause après chaque mot, afin de donner à l'employé récepteur le temps nécessaire à la transcription.

«Lorsque le télégramme a été reçu et transmis, l'employé du bureau de destination vérifie le nombre de mots envoyés; puis il répète, à l'aide du téléphone, le télégramme entier rapidement et sans pause, afin de constater qu'aucune erreur n'a été commise.

«Pour assurer le secret des correspondances,

les instruments téléphoniques sont installés dans des locaux particuliers, où les personnes étrangères au service ne peuvent entendre celui qui envoie la dépêche verbale, et il est interdit aux employés de communiquer à qui que ce soit le nom de l'expéditeur ou celui du destinataire.

«Les taxes à percevoir pour les dépêches téléphoniques sont calculées à tant par mot, comme sur les lignes télégraphiques ordinaires.»

Application aux arts militaires.—Depuis la découverte du téléphone, de nombreuses expériences ont été entreprises dans les différents pays, pour reconnaître les avantages que pourrait fournir son emploi à l'armée pour les opérations militaires. Jusqu'à présent ces expériences n'ont été que médiocrement satisfaisantes à cause des bruits qui existent toujours dans une armée et qui empêchent le plus souvent d'entendre; et on recherche avec empressement tous les moyens de rendre les bruits du téléphone plus accentués. Au moment de la découverte du microphone, on avait cru un instant le problème résolu, et plusieurs écoles militaires m'avaient demandé des renseignements à cet égard; mais je ne vois pas jusqu'ici que la question ait bien avancé sous ce rapport. Quoi qu'il en soit, le téléphone a été un instrument excessivement utile dans les écoles de tir et sur les polygones d'artillerie. Avec la grande portée qu'ont aujourd'hui les armes à feu, il devenait nécessaire pour juger de la justesse du tir d'être prévenu télégraphiquement de la position des points frappés des cibles, et on avait même imaginé pour cela, des cibles télégraphiques; mais le téléphone est bien préférable, et on l'emploie aujourd'hui avec un grand succès.

Si le téléphone présente des inconvénients pour le service de la télégraphie volante en campagne, en revanche il peut être d'un grand secours pour la défense des places, pour la transmission des ordres du commandant aux différentes batteries et même pour l'échange des correspondances avec des ballons captifs lancés au-dessus des champs de bataille.

Malgré les difficultés de son emploi à l'armée, des essais ont été tentés par les Russes à la dernière guerre; le câble des fils de communication était assez léger pour être posé par un seul homme et avait de quatre cents à cinq cents mètres. «Le mauvais temps, dit le *Telegraphic Journal* du 15 mars 1878, ne troubla pas le fonctionnement des appareils, mais le bruit empêchait d'entendre, et on était obligé de se couvrir la tête avec le capuchon d'un grand manteau pour intercepter les sons extérieurs.» Les résultats n'ont donc pas été très-satisfaisants. Toutefois le téléphone peut rendre à l'armée de grands services, en permettant d'intercepter au passage les dépêches de l'ennemi; ainsi un homme résolu muni d'un téléphone de poche pourra, en se plaçant dans un endroit écarté, établir des dérivations entre le fil télégraphique de l'ennemi et son téléphone et saisir parfaitement, ainsi qu'on l'a vu, toutes les dépêches transmises. Il pourra même obtenir ce résultat en prenant ses dérivations à la terre ou sur un rail de chemin de fer. Bien des recherches sont du reste encore à tenter dans cet ordre d'idées et il est probable que l'on arrivera quelque jour à des combinaisons tout à fait pratiques.

Applications à la marine.—L'un des plus grands avantages du téléphone est celui qu'il peut rendre à la marine pour le service des électro-sémaphores, des forts en mer, et des navires mouillés en rade. «Les essais faits entre la préfecture maritime de Cherbourg, les sémaphores et les forts de la digue, dit M. Pollard, ont fait ressortir les avantages qu'il y aurait à munir ces postes de téléphones, ce qui assurerait une communication facile entre les bâtiments d'une escadre et la terre ou entre ces navires eux-mêmes. En mouillant de petits câbles qui viendraient à la surface de la mer le long des chaînes des corps-morts et aboutiraient aux bouées ou coffres disposés en permanence dans la rade, les navires de guerre en s'amarrant se mettraient de cette manière en relation avec la préfecture maritime, et en mouillant temporairement des câbles légers d'un bâtiment à l'autre, l'amiral entrerait en communication intime avec les bâtiments de son escadre.»

On a essayé l'application du téléphone à bord des navires pour la transmission des ordres, mais le bruit qui existe toujours sur un bâtiment empêche d'entendre, et les résultats ont été négatifs.

C'est surtout pour les torpilles sous-marines que l'usage du téléphone peut être utile. Nous avons déjà vu le genre de service qu'il peut rendre quand il est accompagné d'un microphone. Mais il peut encore être très-utile pour la mise à feu des torpilles, lorsqu'il s'agit de connaître la position exacte du navire ennemi d'après deux visées faites en deux points différents de la côte.

D'un autre côté, M. Trève a montré qu'on pouvait encore employer avec avantage le téléphone pour relier télégraphiquement des navires marchant à la remorque l'un de l'autre, et M. des Portes en a fait une très-heureuse application pour les recherches que l'on est souvent appelé à faire au fond de la mer à l'aide du scaphandre. Dans ce cas, on remplace une glace du casque par une plaque en cuivre dans laquelle est enchâssé le téléphone, ce qui fait que le scaphandrier n'a qu'un léger mouvement de tête à faire soit pour recevoir des communications de l'extérieur, soit pour en adresser. Avec ce système, on peut visiter les carènes des navires et rendre compte de tout ce que l'on voit, sans qu'il soit besoin de ramener les scaphandriers hors de l'eau, comme on était obligé de le faire jusque-là.

Applications industrielles.—L'une des premières et des plus importantes applications qui ont été faites du téléphone est celle qui a été tentée des l'automne de 1877 en Angleterre et en Amérique pour le service des mines. Les galeries de mines sont, comme on le sait, souvent bien longues, et les transmissions des ordres de services avaient déjà nécessité l'emploi de télégraphes électriques; mais les mineurs sont loin d'être exercés à la manœuvre de ces appareils, et ce service laissait beaucoup à désirer. Grâce au téléphone qui permet au premier venu de transmettre et de recevoir, rien ne s'oppose plus maintenant à un échange facile de communications entre les galeries et le dehors.

On a pu aussi à l'aide du téléphone surveiller

la ventilation dans les mines. Un téléphone étant placé près d'une roue mise en mouvement par l'air servant à la ventilation et étant relié à un autre téléphone placé dans le bureau de l'ingénieur, celui-ci pourra constater par le bruit qu'il entendra, si la ventilation se fait dans les conditions convenables et si la machine fonctionne régulièrement.

Application aux recherches scientifiques.— Les expériences de M. d'Arsonval que nous avons rapportées p. 149, nous ont montré qu'on pouvait employer le téléphone comme un galvanoscope des plus sensibles; mais comme cet appareil ne peut fournir des sons que sous l'influence de courants interrompus, il faut que le circuit sur lequel on expérimente soit coupé à des intervalles plus ou moins rapprochés. Il n'est même pas nécessaire, comme on l'a vu, que le téléphone soit interposé dans le circuit; il peut être impressionné à distance, soit directement, soit par l'induction du courant interrompu sur un autre circuit placé parallèlement à côté du premier, et on peut augmenter la puissance de ces effets par la réaction d'un noyau de fer autour duquel on enroule le circuit inducteur. L'inconvénient de ce système est que l'on n'obtient pas le sens du courant et qu'il ne peut être employé comme instrument mesureur; mais, en revanche, il est tellement sensible, tellement facile à installer et si peu coûteux, qu'employé comme galvanoscope, il peut rendre les plus grands services.

Lors des essais que l'on a faits du téléphone entre Calais et Boulogne, on a constaté un résultat qui semblerait indiquer une application avantageuse de cet appareil à l'étude de la balistique. En effet, des expériences de tir étant faites sur la plage de Boulogne, on a placé près de la pièce de canon un téléphone, et l'on a perçu la détonation à trois kilomètres (point de chute). En mesurant le temps écoulé entre la sortie du projectile et sa chute, on a pu calculer sa vitesse. Cette appréciation se fait ordinairement par l'observation visuelle de la flamme qui accompagne la sortie du projectile; mais dans certaines circonstances telles que le brouillard ou le tir à longue portée, le téléphone remplacerait peut-être l'observation visuelle. Sur le champ de bataille, un observateur muni d'un téléphone et placé sur une éminence, pourrait, à distance, rectifier le tir de sa batterie établie généralement dans un endroit abrité et moins élevé. [Table des Matières]

LE PHONOGRAPHE.

Le phonographe de M. Edison qui a tant préoccupé les esprits depuis quelques mois, est un appareil qui, non-seulement enregistre les diverses vibrations déterminées par la parole sur une lame vibrante, mais qui reproduit encore la parole d'après les traces enregistrées. La première fonction de cet appareil n'est pas le résultat d'une découverte nouvelle. Depuis bien longtemps les physiciens avaient cherché à résoudre le problème de l'enregistrement de la parole, et, en 1856, M. Léon

Scott avait combiné un instrument bien connu des physiciens sous le nom de *phonautographe* qui résolvait parfaitement la question; cet appareil est décrit dans tous les traités de physique un peu complets; mais la seconde fonction de l'appareil d'Edison n'avait pas été réalisée ni même posée par M. L. Scott, et nous nous étonnons que cet intelligent inventeur ait vu dans l'invention de M. Edison un acte de spoliation commis à son préjudice. Nous regrettons surtout pour lui, à qui, quoiqu'il en dise, tout le monde a rendu justice, qu'il ait à cette occasion publié, en termes amers, une sorte de pamphlet qui ne prouve absolument rien, et qui n'apprend que ce que tous les physiciens savent déjà. Si quelqu'un pouvait élever des prétentions à l'égard de l'invention du phonographe, du moins dans ce qu'il a de plus curieux, c'est-à-dire la reproduction de la parole, ce serait bien certainement M. Ch. Cros; car dans un pli cacheté déposé à l'Académie des sciences, le 30 avril 1877, il indiquait en principe un instrument au moyen duquel on pouvait obtenir la reproduction de la parole d'après les traces fournies par un enregistreur du genre du phonautographe[29]. Le brevet de M. Edison dans lequel le principe du phonographe est indiqué pour la première fois, ne date en effet que du 31 juillet 1877, et encore ne s'appliquait-il qu'à la répétition des signaux Morse. Dans ce brevet, M. Edison ne fait que décrire un moyen d'enregistrer ces signaux par des dentelures effectuées par un style traceur sur une feuille de papier enveloppant un cylindre, et ce cylindre était creusé sur sa surface d'une rainure en spirale. Les dentelures ou gaufrages ainsi produits devaient être utilisés, d'après le brevet, pour transmettre automatiquement la même dépêche, en repassant sous un style capable de réagir sur un interrupteur de courant. Il n'est donc dans ce brevet nullement question de l'enregistrement de la parole ni de sa reproduction; mais, comme le fait observer le *Telegraphic journal* du 1er mai 1878, l'invention précédente lui donnait les moyens de résoudre ce double problème aussitôt que l'idée lui en serait venue. S'il faut en croire les journaux américains, cette idée ne tarda pas à se faire jour, et elle aurait été le résultat d'un accident. Pendant des expériences qu'il faisait un jour avec le téléphone, un style attaché au diaphragme lui piqua le doigt au moment où le diaphragme entrait en vibration sous l'influence de la voix, et cette piqûre avait été assez forte pour que le sang en jaillit; il pensa alors que, puisque les vibrations de ce diaphragme étaient assez fortes pour percer la peau, elles pourraient bien produire sur une surface flexible des gaufrages assez caractérisés pour représenter toutes les inflexions des ondes provoquées par la parole, et il put croire que ces gaufrages pourraient même reproduire mécaniquement les vibrations qui les avaient provoquées, en réagissant sur une lame capable de vibrer à la manière de celle qu'il avait déjà employée pour la reproduction des signaux Morse. Dès lors le phonographe était découvert, car de cette idée à sa réalisation, il n'y avait qu'un pas, et, en moins de deux jours, l'appareil était exécuté et expérimenté.

Cette petite histoire est assez ingénieuse et

fait bien dans le tableau, mais nous aimons à croire que cette découverte a été faite un peu plus sérieusement. En effet, un inventeur comme M. Edison, qui avait découvert l'*électro-motographe*, et qui l'avait appliqué au téléphone, se trouvait par cette application même sur la voie du phonographe, et nous estimons trop M. Edison pour ajouter foi au petit roman américain. D'ailleurs le phonautographe de M. L. Scott était parfaitement connu de M. Edison.

Ce n'est qu'au mois de janvier 1877, que le phonographe de M. Edison a été breveté. Par conséquent, au point de vue du principe de l'invention, M. Ch. Cros paraît avoir une priorité incontestable; mais son système tel qu'il est décrit dans son pli cacheté et tel qu'il a été publié dans la *Semaine du clergé* du 10 octobre 1877, aurait-il été susceptible de reproduire la parole?... Nous en doutons fort, et notre doute pourrait être légitimé par les essais infructueux tentés par M. l'abbé Leblanc qui avait voulu réaliser l'idée de M. Cros. Quand il s'agit de vibrations aussi accidentées, aussi complexes que celles qui sont exigées pour la reproduction des mots articulés, il faut que leur clichage soit en quelque sorte moulé par elles-mêmes, et leur reproduction artificielle doit forcément laisser échapper les nuances qui distinguent les fines liaisons du langage; d'ailleurs, les mouvements déterminés par une pointe engagée dans une rainure suivant une *courbe sinusoïde*, ne peuvent s'effectuer avec toute la liberté nécessaire au développement des sons, et les frottements exercés sur les deux bords opposés de la rainure, seraient d'ailleurs souvent de nature à les étouffer. Un membre distingué de la Société de physique disait avec raison, quand j'ai présenté le phonographe à cette Société, que toute l'invention de M. Edison résidait dans la feuille métallique mince sur laquelle les vibrations se trouvent inscrites, et effectivement, c'est grâce à cette feuille qui a permis de clicher directement les vibrations d'une lame vibrante, que le problème a pu être résolu; mais il fallait penser à ce moyen, et c'est M. Edison qui l'a trouvé; c'est donc lui qui est bien l'inventeur du phonographe.

Après M. Ch. Cros, et encore avant M. Edison, MM. Napoli et Marcel Deprez avaient cherché à construire un phonographe; mais leurs essais avaient été si infructueux qu'ils avaient cru un moment le problème insoluble, et quand on annonça à la Société de physique l'invention de M. Edison, ils la mirent en doute. Depuis, ils ont repris leurs travaux et nous font espérer qu'un jour ils pourront nous présenter un phonographe encore plus perfectionné que celui de M. Edison; c'est ce que la suite nous dira.

En définitive, c'est M. Edison qui le premier a reproduit, mécaniquement la parole, et a réalisé par ce fait, une des plus curieuses et des plus importantes découvertes de notre époque; car elle a pu nous montrer que cette reproduction est beaucoup moins compliquée qu'on pouvait le supposer. Cependant il ne faut pas s'exagérer les conséquences théoriques de cette découverte qui n'a pas du tout démontré, suivant moi, que nos théories sur la voix fussent inexactes. Il faut, en effet, établir une grande différence entre la reproduction d'un son émis et la manière de déterminer ce son. La reproduction pourra être effectuée d'une manière très-simple, comme le disait M. Bourseul, du moment où l'on aura trouvé un moyen de transmettre les vibrations de l'air, quelque compliquées qu'elles puissent être; mais pour produire par la voix les vibrations compliquées de la parole, il faudra la mise en action de plusieurs organes particuliers, d'abord des cordes du larynx, en second lieu, de la langue, des lèvres, du nez, des dents mêmes, et c'est pourquoi une machine réellement parlante est forcément très-compliquée.

On s'est étonné que la machine parlante qui nous est venue, il y a deux ans d'Allemagne, et qui a été exhibée au Grand-Hôtel, fut d'une extrême complication, alors que le phonographe résolvait le problème d'une manière si simple: c'est que l'une de ces machines ne faisait que reproduire la parole, tandis que l'autre l'émettait, et l'inventeur de cette dernière machine avait dû, dans son mécanisme, mettre à contribution tous les organes qui dans notre organisme concourent à la production de la parole. Le problème était infiniment plus complexe, et on n'a pas accordé à cette invention tout l'intérêt qu'elle méritait.

Il est temps de décrire le phonographe et les diverses applications qu'on en a faites et qu'on pourra en faire dans l'avenir.

Fig. 60.

Description du phonographe.—Manière de s'en servir.—Le premier modèle de cet appareil, celui qui est le plus connu et que nous représentons fig. 60, se compose simplement d'un cylindre enregistreur R, mis en mouvement au moyen d'une manivelle M tournée à la main, et devant lequel est fixée une lame vibrante munie antérieurement d'une embouchure de téléphone E et, sur sa face postérieure, d'une pointe traçante; cette pointe traçante que l'on voit en *s* dans la fig. 62 qui représente la coupe de l'appareil, n'est pas fixée directement sur la lame; elle est portée par un ressort *r*, et entre elle et la lame vibrante est adapté un tampon de caoutchouc *c*, constitué par un bout de tube, lequel a pour mission de transmettre à la pointe s les vibrations de la lame sans les étouffer; un autre tampon *r*, placé entre la lame LL et le support rigide de la pointe, tend à atténuer un peu ces vibrations qui seraient presque toujours trop fortes sans cette précaution.

Fig. 61.

Le cylindre, dont l'axe AA, fig. 60, est muni d'un pas de vis pour lui faire accomplir un mouvement de translation horizontal à mesure que s'effectue son mouvement de rotation sur lui-même, présente à sa surface une petite rainure hélicoïdale dont le pas est exactement celui de la vis qui le fait avancer, et la pointe traçante s'y trouvant une fois engagée, peut la parcourir sur une plus ou moins grande partie de sa longueur, suivant le temps plus ou moins long qu'on tourne le cylindre. Une feuille de papier d'étain ou de cuivre très-mince est appliquée exactement sur cette surface cylindrique, et doit y être un peu déprimée afin d'y marquer légèrement la trace de la rainure et de placer convenablement la pointe de la lame vibrante. Celle-ci, d'ailleurs, appuie sur cette feuille sous une pression qui doit être réglée, et, c'est à cet effet, aussi bien que pour dégager le cylindre quand on doit placer ou retirer la feuille d'étain, qu'a été adapté le système articulé SN qui soutient le support S de la lame vibrante. Ce système, comme on le voit, se compose d'un levier articulé qui porte une rainure dans laquelle s'engage la vis R. Un manche N qui termine ce levier, permet, quand la vis R est desserrée, de faire pivoter le système traçant. Conséquemment, pour régler la pression de la pointe traçante sur la feuille de papier d'étain, il suffit d'engager plus ou moins la vis R dans la rainure, et de la serrer fortement quand le degré convenable de pression est obtenu.

Telle est la planche sur laquelle la parole viendra tout à l'heure se graver en caractères durables, et voici comment fonctionne ce système si peu compliqué.

On parle dans l'embouchure E de l'appareil,

comme on le fait dans un téléphone ou dans un tube acoustique, mais avec une voix forte et accentuée et les lèvres appuyées contre les parois de l'embouchure, comme on le voit fig. 61; on tourne en même temps le cylindre qui, pour avoir un mouvement régulier, est muni d'un lourd volant, V. fig. 60. Sous l'influence de la voix, la lame LL entre en vibration et fait manœuvrer la pointe traçante, qui, à chaque vibration, déprime la feuille d'étain et détermine un gaufrage plus ou moins creux, plus ou moins accidenté, suivant l'amplitude de la vibration et ses inflexions. Le cylindre qui marche pendant ce temps, présente successivement à la pointe traçante les différents points de la rainure dont il a été question plus haut; de sorte que, quand on est arrivé au bout de la phrase prononcée, le dessin pointillé, composé de creux et de reliefs successifs que l'on a obtenus, représente l'enregistration de la phrase elle-même. En ce qui concerne l'enregistrement, l'opération est donc terminée, et en détachant la feuille de l'appareil, la parole pourrait être mise en portefeuille. Voyons maintenant comment l'appareil arrive à répéter ce qu'il a si facilement inscrit.

 Fig. 62.

Pour cela, il s'agit de recommencer tout simplement la même manœuvre, et le même effet se reproduit identiquement en sens inverse. On replace le style traçant à l'extrémité de la rainure qu'il a déjà parcourue, et on remet le cylindre en marche; les traces gaufrées en repassant sous la pointe tendent à la soulever et à lui communiquer un mouvement qui ne peut être que la répétition de celui qui les avait primitivement provoquées, et la lame vibrante obéissant à ce mouvement, entre en vibration, reproduisant ainsi les mêmes sons et par suite les mêmes paroles; toutefois, comme il y a nécessairement perte de force dans cette double transformation des effets mécaniques, on est obligé, pour obtenir des sons plus forts, d'adapter à l'embouchure E le cornet C qui est une sorte de porte-voix. Dans ces conditions, la parole reproduite par l'appareil peut être entendue de tous les points d'une salle, et rien n'est plus saisissant que d'entendre cette voix, un peu grêle il est vrai, qui semble venir d'outre-tombe pour formuler ses sentences. Si cette invention eût été faite au moyen âge, on en aurait bien certainement fait l'accompagnement des fantômes, et elle aurait donné beau jeu aux faiseurs de miracles.

Comme la hauteur des sons dans l'échelle musicale dépend du nombre des vibrations effectuées par un corps vibrant dans un temps donné, la parole peut être reproduite par le phonographe sur un ton plus ou moins élevé suivant la vitesse de rotation que l'on donne au cylindre qui porte la feuille impressionnée. Si cette vitesse est la même que celle qui a servi à l'enregistration, le ton des paroles reproduites est le même que celui des paroles prononcées. Si elle est plus grande, le ton est plus élevé, et si elle est moins grande, le ton est plus bas; mais on reconnaît toujours l'accent de celui qui a parlé; cette particularité fait qu'avec les appareils tournés à la main, la reproduction des chants est le plus souvent défectueuse, et l'appareil chante faux; il n'en est plus de même quand l'appareil se meut sous l'influence d'un mouvement d'horlogerie parfaitement régularisé, et l'on a pu obtenir de cette manière des reproductions satisfaisantes de duos chantés.

La parole, enregistrée sur une feuille d'étain, peut se reproduire plusieurs fois; mais à chaque fois les sons deviennent plus faibles et moins distincts, parce que les reliefs s'affaissent de plus en plus. Avec une lame de cuivre, ces reproductions sont meilleures, mais pour les obtenir indéfiniment, il faut faire clicher ces lames, et dans ce cas, la disposition de l'appareil doit être différente.

On a essayé de faire parler le phonographe en prenant les enregistrations à rebours de leur véritable sens; on a obtenu naturellement des sons n'ayant aucune ressemblance avec les mots émis; cependant MM. Fleeming Jenkin et Ewing ont remarqué que non seulement les voyelles ne sont pas altérées par cette action inverse, mais encore que les consonnes, les syllabes et des mots tout entiers peuvent être reproduits avec l'accentuation que leur donnerait leur lecture si elle était faite à rebours.

Les sons produits par le phonographe, quoique plus faibles que ceux de la voix qui a déterminé les traces enregistrées, sont néanmoins assez forts pour réagir sur des téléphones à ficelle et même sur des téléphones Bell, et comme dans ce cas les sons sont éteints sur l'appareil et qu'il n'y a que celui qui est en rapport avec le téléphone qui les perçoit, on peut être assuré qu'aucune supercherie n'a pu être employée pour les produire.

Quand je présentai le 11 mars 1878 le phonographe à l'Académie des Sciences de la part de M. Edison, et que M. Puskas, son représentant, eût fait parler ce merveilleux instrument, un murmure d'admiration se fit entendre de tous les points de la salle, et ce murmure se changea bientôt en applaudissements répétés. «Jamais, écrivait à un journal une des personnes présentes à la séance, on n'avait vu la docte Académie, ordinairement si froide, se livrer à un épanchement si enthousiaste. Pourtant quelques membres incrédules par nature, au lieu d'examiner le fait physique, voulurent le déduire de considérations morales et d'analogies, et bientôt on entendit dans la salle une rumeur qui semblait accuser l'Académie de s'être laissée mystifier par un habile *ventriloque*. Décidément l'esprit gaulois se retrouve toujours chez les Français et même chez les académiciens. Les sons émis par l'instrument sont exactement ceux des ventriloques, disait l'un. Avez-vous remarqué les mouvements des lèvres et de la figure de M. Puskas quand il tourne l'appareil?... disait l'autre; ne sont-ce pas les grimaces des ventriloques?... Il peut se faire que l'appareil émette des sons, disait encore un autre, mais l'appareil est considérablement aidé par celui qui le manœuvre! Bref, le bureau de l'Académie demanda à M. du Moncel de faire lui-même l'expérience, et comme il n'avait pas l'habitude de parler dans cet appareil, l'expérience fut négative, à la grande joie des incrédules. Toutefois, quelques académiciens désirant fixer leurs idées sur ce qu'il y avait de vrai dans ces effets, prièrent M. Puskas de répéter devant eux les expériences dans le cabinet du secrétaire perpétuel et dans les conditions qu'ils lui indiqueraient. M. Puskas se prêta à ce désir, et ils revinrent de là parfaitement convaincus. Néanmoins, les incrédules ne se tinrent pas pour battus, et il fallut qu'ils fissent eux-mêmes les expériences pour accepter définitivement ce fait, que la parole pouvait être reproduite dans des conditions excessivement simples.»

Cette petite anecdote que je viens de raconter ne peut certes pas être interprétée en défaveur de l'Académie des Sciences; car son rôle est avant tout de conserver intactes les vrais principes de la Science et de n'accueillir les faits qui peuvent provoquer l'étonnement, qu'après un examen scrupuleux. C'est grâce à cette attitude qu'elle a pu donner un crédit absolu à tout ce qui émane d'elle, et nous ne saurions trop l'approuver de se maintenir ainsi sur la réserve et en dehors d'un premier moment d'enthousiasme et d'engouement.

Le peu de réussite de l'expérience que j'avais tentée à l'Académie provenait uniquement de ce que je n'avais pas parlé assez près de la lame vibrante et que mes lèvres ne touchaient pas les parois de l'embouchure. Quelques jours après, sur l'invitation de plusieurs de mes confrères, je fis des expériences répétées avec l'appareil, et je parvins bientôt à le faire parler aussi bien que celui qu'on accusait de ventriloquie; mais je reconnus en même temps qu'il fallait une certaine habitude pour être sûr des résultats produits. Il y a aussi des mots qui sont reproduits beaucoup mieux que d'autres. Ceux qui renferment beaucoup de voyelles et beaucoup d'R viennent bien mieux que ceux où les consonnes dominent et surtout que ceux où il y a beaucoup d'S. On ne doit donc pas s'étonner, comme l'ont fait plusieurs personnes, que même avec la grande habitude que possède le représentant de M. Edison, certaines phrases prononcées par lui s'entendaient mieux que d'autres.

Un des résultats les plus étonnants que le phonographe a produits a été la répétition simultanée de plusieurs phrases en langues différentes dont l'enregistration avait été superposée. On a pu obtenir jusqu'à trois de ces phrases; mais pour pouvoir les distinguer au milieu du bruit confus résultant de leur superposition, il fallait que des personnes différentes, en faisant une attention spéciale à chacune des phrases inscrites, pussent les séparer et en comprendre le sens. On a pu même superposer des airs chantés aux phrases prononcées, et la séparation devenait même dans ce cas plus facile.

Il y a plusieurs modèles de phonographes. Celui que nous avons représenté fig. 60, est le modèle qui a servi pour les expériences publiques; mais il est un modèle plus petit que l'on vend principalement aux amateurs, et dans lequel le cylindre, beaucoup moins long, sert à la fois d'enregistreur et de volant. Cet appareil donne de très-bons résultats, mais il ne peut enregistrer que des phrases courtes. Dans ce modèle, comme du reste dans l'autre, on peut rendre l'enregistration de la parole beaucoup plus facile en adaptant dans l'embouchure un petit cornet en forme de porte-voix allongé; les vibrations de l'air sont alors plus concentrées sur la lame vibrante et agissent plus vigoureusement. Il paraît aussi que l'appareil gagne à avoir une lame vibrante un peu épaisse, et on a reconnu qu'on pouvait adapter directement la pointe traçante sur la lame.

Je ne parlerai pas d'une manière spéciale du phonographe à mouvement d'horlogerie. C'est un appareil exactement semblable à celui de la fig. 60, seulement il est monté sur une table spéciale un peu haute de pieds pour donner au poids du mouvement d'horlogerie une course suffisante; le mécanisme est adapté directement sur l'axe du cylindre au lieu et place de la manivelle, et il est régularisé par un volant à ailettes. Celui qu'on a adopté est un volant d'un système anglais; mais nous croyons que le régulateur à ailettes de M. Villarceau serait préférable.

Fig. 63.

Comme le raccordement des feuilles d'étain sur un cylindre est toujours délicat à effectuer, M. Edison a cherché à obtenir les traces de la feuille d'étain sur une surface plane, et il a obtenu ce résultat de la manière la plus heureuse, au moyen de la disposition que nous représentons fig. 63. Dans ce nouveau modèle, la plaque sur laquelle doit être appliquée la feuille d'étain ou de cuivre est creusée d'une rainure hélicoïdale en limaçon, dont un bout correspond au centre de la plaque et l'autre bout aux côtés extérieurs, et cette plaque est mise en mouvement par un fort mécanisme d'horlogerie dont la vitesse est régularisée proportionnellement à l'allongement des spires de l'hélice. Au-dessus de cette plaque est placée la lame vibrante qui est d'ailleurs disposée comme dans le premier appareil, et dont la pointe traçante peut, par suite d'un mouvement de translation communiqué au système, suivre la rainure en limaçon depuis le centre de la plaque jusqu'à sa circonférence. Enfin quatre points de repère permettent déplacer toujours et sans tâtonnements la feuille d'étain dans la véritable position qu'elle doit avoir. La figure 64 montre comment cette feuille peut être retirée de l'appareil.

Il ne faudrait pas croire que toutes les feuilles d'étain employées pour les enregistrations phonographiques soient également bonnes, il faut que ces feuilles contiennent une certaine quantité de plomb et présentent une certaine épaisseur. Les feuilles d'étain qui enveloppent le chocolat, et même toutes celles que l'on trouve en France, sont trop riches en étain et trop minces pour donner de bons résultats, et M. Puskas a été obligé d'en faire venir d'Amérique pour continuer à Paris ses expériences. Jusqu'ici les proportions de plomb et d'étain n'ont pas encore été bien définies, et c'est l'expérience qui permet de décider le choix des feuilles; mais quand le phonographe sera plus répandu, il faudra évidemment que ce travail soit effectué, et cela sera facile en analysant la composition des feuilles qui auront fourni les meilleurs résultats.

Fig. 64.

La disposition de la pointe traçante est aussi une question très-importante pour le bon fonctionnement d'un phonographe. Elle doit être très-tenue et très-courte (un millimètre de longueur tout au plus), afin qu'elle puisse enregistrer nettement les vibrations les plus minimes de la lame vibrante sans se courber et vibrer dans un autre sens que le sens normal au cylindre, ce qui pourrait arriver si elle était longue, en raison des frottements inégaux exercés sur la feuille d'étain. Il a fallu aussi la construire avec un métal ne pouvant facilement provoquer des déchirures sur la feuille métallique. Le fer a paru réunir le mieux les conditions voulues.

Le phonographe n'est du reste qu'à son début, et il est probable que d'ici à peu de temps, il pourra être dans des conditions convenables pour enregistrer la parole sans qu'on ait besoin de parler dans une embouchure. S'il faut en croire les journaux, M. Edison aurait déjà trouvé le moyen de recueillir sans le secours d'un tuyau acoustique, les sons émis à une distance de 3 à 4 pieds de l'appareil et de les imprimer sur une feuille métallique. De là à inscrire sur l'appareil un discours prononcé dans une grande salle, à une distance quelconque du phonographe, il n'y a qu'un pas, et si ce pas est fait, ce qui est probable, la phonographie pourra avantageusement remplacer la sténographie.

Nous publions dans la note ci-dessous les instructions que M. Roosevelt le vendeur de ces machines, donne aux acquéreurs pour les initier à la manœuvre de l'appareil[30].

Considérations théoriques.—Bien que les explications que nous avons données précédemment soient suffisantes pour faire comprendre les effets du phonographe, il est une question curieuse qui ne laisse pas que d'étonner beaucoup les physiciens, c'est celle-ci: Comment se fait-il que des gaufrages effectués sur une surface aussi peu résistante que l'étain, puissent en repassant sous la pointe traçante qui présente une rigidité relativement grande, déterminer de sa part un mouvement vibratoire sans se trouver complètement écrasés? À cela nous répondrons qu'en raison de l'extrême rapidité du passage de ces traces devant la pointe, il se développe des effets de force vive qui n'agissent que localement, et que, dans ces conditions, les corps mous peuvent exercer des effets mécaniques aussi énergiques que les corps durs. Qui ne se rappelle cette curieuse expérience relatée tant de fois dans les traités de physique, d'une planche percée par une chandelle servant de balle à un fusil. Qui ne se rappelle les accidents produits à diverses reprises par des bourres de papier projetées par les armes à feu? Dans ces conditions, le mouvement communiqué aux molécules qui reçoivent le choc n'ayant pas le temps d'être transmis à toute la masse du corps auquel elles appartiennent, elles sont obligées de s'en séparer ou tout au moins de déterminer, quand le corps est susceptible de vibrer, un centre de vibration qui, propageant ensuite des ondes sur toute sa surface, détermine les sons.

Plusieurs savants, entre autres MM. Preece et Mayer ont cherché à étudier avec soin la forme des gaufrages laissés par la voix sur la lame d'étain du phonographe, et ont reconnu que ces formes ressemblaient beaucoup à celles des flammes chantantes si bien dessinées avec les appareils de M. Kœnig. Voici ce que dit à cet égard M. Mayer dans le *Popular Science Monthly* d'avril 1878.

«Par la méthode suivante, j'ai pu parvenir à reproduire sur du verre enfumé, de magnifiques traces montrant le profil des vibrations sonores enregistrées sur la feuille d'étain avec leurs différentes sinuosités. J'adapte pour cela au ressort supportant la pointe traçante du phonographe, une tige longue et légère terminée par une pointe qui appuie de côté sur la lame de verre enfumée, et qui peut, par suite de la position verticale de celle-ci et d'un mouvement qui lui est communiqué, déterminer des traces sinusoïdes. Par cette disposition, on obtient donc simultanément, quand le phonographe est mis en action, deux systèmes de traces dont les unes sont le profil des autres.

«L'instrument a été en ma possession pendant si peu de temps, que je n'ai pu faire autant d'expériences que je l'aurais voulu; mais j'ai néanmoins pu étudier quelques-unes de ces courbes, et il m'a semblé que les contours enregistrés avaient, pour un même son, une grande ressemblance avec ceux des flammes chantantes de Kœnig.

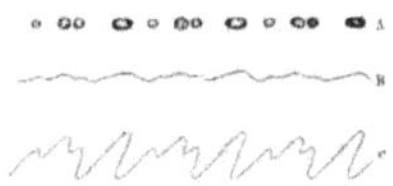

Fig. 65.

«La fig. 65 représente les traces correspondantes au son de la lettre A prononcé *bat* dans les trois systèmes d'enregistration. Celles qui correspondent à la ligne A sont la reproduction agrandie des traces laissées sur la feuille d'étain; celles qui correspondent à la ligne B, en représentent les profils sur la feuille de verre noirci. Enfin celles qui correspondent à la ligne C montrent les contours des flammes chantantes de Kœnig, quand le même son est produit *très-près* de la membrane de l'enregistreur. Je dis *très-près* avec intention, car la forme des traces produites par une pointe attachée à une membrane vibrante sous l'influence de sons composés, dépend de la distance séparant la membrane de la source du son, et l'on peut obtenir une infinité de traces de forme différente en variant cette distance. Il arrive, en effet, qu'en augmentant cette distance, les ondes sonores résultant de sons composés réagissent sur la membrane à différentes époques de leur émission. Par exemple, si le son composé est formé de six harmoniques, le déplacement de la source des vibrations de 1/4 de longueur d'onde de la première harmonique, éloignera la seconde, la troisième, la quatrième, la cinquième et la sixième harmonique de 1/2, 3/4, 1, 1-1/4, 1-1/2 de longueur d'onde, et par conséquent les contours résultant de la combinaison de ces ondes, ne pourront plus être les mêmes qu'avant le déplacement de la source sonore, quoique la sensation des sons reste le même, dans les deux cas. Ce principe a été parfaitement démontré au moyen de l'appareil de Kœnig, en allongeant et en raccourcissant un tube extensible interposé entre le résonnateur et la membrane vibrante placée prés de la flamme, et il explique le désaccord qui s'est produit entre différents physiciens sur la composition des sons vocaux, quand ils les ont analysés au moyen des flammes chantantes.

«Ces faits nous démontrent d'un autre côté, qu'il n'y a pas lieu d'espérer que l'on puisse *lire* les impressions et les traces du phonographe, car ces traces varient non-seulement avec la nature des voix, mais encore avec les moments différents d'émission des harmoniques de ces voix et avec les différences relatives des intensités de ces harmoniques.»

Nous reproduisons néanmoins, fig. 66, des traces extrêmement curieuses que nous a communiquées M. Blake, et qui représentent les vibrations déterminées par les mots: *Brown university; how do you do.* Elles ont été photographiées sous l'influence d'un index adapté à une lame vibrante et illuminé par un pinceau de lumière. Le mot how est surtout remarquable par les formes combinées des inflexions des vibrations.

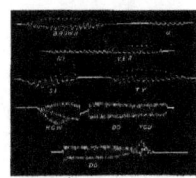 Fig. 66.

Des expériences récentes semblent montrer que plus la membrane vibrante d'un phonographe se rapproche comme construction de celle de l'oreille humaine, et mieux elle répète et enregistre les vibrations sonores; elle devrait, en quelque sorte, être tendue à la manière de la membrane tympanique par l'os du marteau et surtout en avoir la forme, car les vibrations aériennes s'effectueraient alors beaucoup mieux.

Suivant M. Edison, la grandeur du trou de l'embouchure influe beaucoup sur la netteté de l'articulation de la parole. Quand les mots sont prononcés devant toute la surface du diaphragme, le sifflement de certains sons est perdu. Au contraire, il est renforcé quand les sons n'arrivent à ce diaphragme qu'à travers un orifice étroit et dont les bords sont aigus. Si ce trou est pourvu de dentelures sur ses bords aplatis, les consonnes sifflantes sont rendues plus clairement. La meilleure reproduction de la parole est obtenue quand l'embouchure est recouverte avec des enveloppes plus ou moins épaisses disposées de manière à éteindre les sons provenant de la friction de la pointe traçante sur l'étain.

M. Hardy a, du reste, rendu l'enregistration des traces du phonographe plus facile en adaptant dans le trou de l'embouchure de l'appareil un petit cornet d'ébonite formant comme une embouchure d'instrument à vent.[Table des Matières]

APPLICATIONS DU PHONOGRAPHE ET SON AVENIR.

M. Edison vient de publier dans le *North American Review*, de mai-juin 1878, un article très-intéressant sur l'avenir du phonographe, dans lequel il discute lui-même les différentes applications qui pourront être faites de cet instrument et dont nous allons reproduire ici les conclusions.

Afin de fournir au lecteur une base sur laquelle il puisse asseoir son jugement, il commence par poser sous forme de questions auxquelles il répond, les différents principes de son invention. Voici ces questions:

1° Une plaque ou un disque vibrant peut-il recevoir un mouvement complexe qui représentera exactement les propriétés particulières de chaque vibration et de toutes les ondes sonores résultant des émissions des sons complexes si variés de la voix?

R. Le téléphone répond affirmativement à cette question.

2° Un mouvement si complexe peut-il être transmis à une pointe adaptée à une plaque de cette nature, de manière à lui faire imprimer sur une matière plastique des traces gaufrées capables de le représenter exactement dans toutes ses conditions? et si cela est, cette pointe traçante pourra-t-elle, en repassant à travers ces traces, les suivre assez fidèlement pour transmettre de nouveau au disque les mouvements complexes dont il avait été primitivement animé lorsqu'il avait produit ces traces, lesquels mouvements doivent nécessairement reproduire à l'oreille les sons vocaux aussi bien que tout les autres bruits qui auraient pu les accompagner?

R. Les expériences faites avec le phonographe, quand il est placé dans de bonnes conditions d'exécution et d'expérimentation, répondent affirmativement à cette question, et les effets obtenus sont aujourd'hui si parfaits, qu'avec un peu d'habitude on peut même, en quelque sorte, lire les sons enregistrés, sans en connaître l'origine[31].

3° La feuille tracée peut-elle être enlevée de l'appareil sur lequel elle a été impressionnée, et replacée sur un autre sans annuler ou amoindrir son pouvoir reproducteur de la parole?

R. Ceci est question de précision de mécanisme et d'ajustement qui ne présente pas plus de difficultés que la disposition de l'appareil lui-même, et le problème est certainement moins difficile à résoudre que celui de l'ajustement des différentes pièces d'une montre.

4° Une feuille contenant ainsi l'enregistration de la parole peut-elle être facilement déplacée et expédiée par la poste?

R. Dix ou quinze secondes suffisent pour placer ou déplacer la feuille enregistrée, mais comme il faut pour son expédition une enveloppe spéciale, le poids de la dépêche pourra dépasser un peu celui de la taxe postale; mais l'augmentation ne sera que très-minime.

5° Quelle est la durée d'une dépêche ainsi reproduite?

R. Des expériences répétées ont prouvé que les gaufrages ont un grand pouvoir de résistance, même quand la reproduction a été effectuée par une plaque vibrante relativement rigide; mais on pense pouvoir substituer aux lames d'étain des lames d'un métal plus dur et extrêmement mince, sur lesquelles réagiraient des pointes très-dures, telles que des pointes de diamant ou de saphir, et alors ces feuilles pourraient répéter les dépêches cinquante ou cent fois.

6° Peut-on avoir un duplicata d'une feuille enregistrée, et quelle serait sa durée?

R. Un grand nombre d'expériences ont été entreprises avec plus ou moins de succès dans le but d'obtenir des enregistrations électrotypiques, et d'après les renseignements qui ont été donnés, il paraîtrait qu'on aurait pu obtenir ce résultat d'une manière satisfaisante. Il ne paraît pas, du reste, que la solution du problème présente de difficulté sérieuse, pas plus que celle d'obtenir des épreuves inaltérables.

7° Quelle peut être la force des ondes sonores et la distance à laquelle elles doivent agir sur le diaphragme pour produire une bonne enregistration?

R. Ceci dépend essentiellement de l'intensité des sons que l'on demande à l'instrument pour leur reproduction. Si cette reproduction doit être faite de manière à être entendue d'une assistance nombreuse, les ondes sonores qui doivent fournir l'enregistration doivent être déterminées d'une manière très-énergique; mais si on se contente d'une reproduction à l'oreille, la parole prononcée à voix ordinaire ou même à voix presque basse est susceptible d'être entendue. Dans les deux cas, les paroles doivent être prononcées devant l'embouchure de l'instrument. Cependant on a pu, dans certaines conditions, obtenir une reproduction de la parole en parlant à voix très-haute à deux ou trois pieds de l'instrument. L'application à l'appareil d'un tube ouvert ou d'un entonnoir pour concentrer les ondes sonores, le bon établissement d'un diaphragme délicat et d'une pointe traçante bien établie, étaient les conditions nécessaires pour obtenir ce résultat. Il ne peut y avoir, du reste, de grande difficulté pratique à réunir et à faire converger les ondes sonores à partir d'une source de vibration placée dans un rayon de trois pieds, rayon qui est assez étendu pour ne pas embarrasser une personne qui parle ou qui chante. Les différents essais tentés dans cette voie ont démontré du reste que l'on peut obtenir de cette manière:

1° L'emmagasinement, d'une manière permanente, de toutes les espèces d'ondes sonores regardées comme *fugitives*.

2° Leur reproduction avec tous leurs caractères primitifs, que la source de la vibration soit ou non présente, et quelque soit le laps de temps écoulé entre le moment de l'enregistration et celui de la reproduction.

3° Le moyen de transmettre matériellement la parole ainsi emmagasinée par les voies ordinaires ouvertes aux transactions commerciales, et de pouvoir remplacer ainsi une dépêche écrite.

4° La multiplication indéfinie de ces sortes de dépêches et leur conservation, sans avoir à se préoccuper de la source primitive.

5° Le moyen d'enregistrer la parole ou les chants avec ou sans le consentement de la personne qui les a émis, et même à son insu.

M. Edison entame ensuite le chapitre des applications du phonographe qu'il énumère de la manière suivante:

«Parmi les plus importantes applications du phonographe on peut citer, dit-il, son application à l'écriture des lettres, à l'éducation, à la lecture, à la musique, aux enregistrations de famille, aux compositions électrotypiques pour les boîtes à musique, les joujoux, les horloges, les appareils avertisseurs ou les appareils à signaux, la sténographie des discours, etc.

«**Écriture des lettres.**—L'appareil étant perfectionné au point de vue des détails mécaniques de sa construction, pourrait être employé pour tous les usages domestiques (excepté ceux qui exigent une disposition particulière) qui demanderont la répétition indéfinie d'un même ordre ou d'un même avis; mais, comme le principal rôle du phonographe est d'enregistrer la parole et des sons, sa disposition a dû être combinée en conséquence.

«La disposition la plus générale consiste dans une plaque plate ou un disque à la surface duquel est évidée une rainure fine en spirale et à pas serré qui peut fournir par son développement une grande longueur. Cette plaque est mise en mouvement par un mécanisme d'horlogerie placé au-dessous, et la rainure est combinée de manière à permettre l'enregistration de 40000 mots. Le débit de l'appareil peut être effectué dans des conditions telles, que sur une surface d'étain de 10 pouces carrés, on peut enregistrer 100 mots. Reste à savoir si un débit moins grand par pouce carré ne serait pas d'un meilleur effet. Il est certain que pour les lettres cela vaudrait mieux, mais comme on ne peut pas multiplier indéfiniment les types de machines, et que les messages étendus sont enregistrés plus économiquement sur une seule feuille que sur deux, il vaut mieux que l'appareil puisse fournir le plus de travail possible sur la surface la moins grande possible. Cette question devra, du reste, être étudiée avant de créer le type définitif.

«Le fonctionnement du phonographe ainsi disposé pour l'application que nous traitons en ce moment, est très-simple. On place la feuille d'étain sur le phonographe et on met en action le mécanisme d'horlogerie; on parle devant l'embouchure comme si l'on dictait sa lettre à un secrétaire, et, quand on a terminé, on ôte la feuille de l'appareil, on la met dans une enveloppe, et on l'expédie par la voie ordinaire à celui auquel elle est destinée. Celui-ci la place alors sur son phonographe, met en action l'appareil et entend bientôt la parole de son correspondant comme s'il lui parlait réellement; il peut même lui faire répéter sa missive s'il ne l'a pas bien comprise. On comprend quel avantage un pareil système peut présenter pour les relations qui peuvent exister entre les aveugles. Comme deux feuilles d'étain peuvent être aussi facilement marquées par la pointe traçante de l'appareil qu'une seule, on peut expédier un message en double, ou bien en garder un comme copie ou contrôle de la lettre envoyée. De cette manière les commerçants peuvent faire leur correspondance en secret et sans qu'elles passent par des tiers.

«Comme au moyen de la parole on peut transmettre et entendre avec une vitesse de 150 à 200 mots par minute, l'expédition des dépêches pourra être effectuée beaucoup plus promptement que par les moyens ordinaires, et quand on en prendra connaissance, on pourra continuer ses occupations, en accompagnant même l'audition de la dépêche de commentaires, d'exclamations et de réflexions, comme cela a lieu dans une conversation échangée directement entre deux personnes.

«Le phonographe permet encore à une personne ne sachant ni lire ni écrire de correspondre avec une autre placée dans le même cas, ou même avec les autres personnes qui ne pourront pas, de cette manière, s'apercevoir de son ignorance.

«Les avantages de ce nouveau système de correspondance sont si nombreux qu'il est inutile de les faire ressortir davantage; ils viennent d'ailleurs immédiatement à l'esprit quand on considère la lenteur qu'entraîne l'inscription de la parole avec les procédés ordinaires.

«**Dictées.**—Il est aussi facile de faire dicter la parole à un phonographe que de la dicter soi-même au phonographe en parlant devant son embouchure, et souvent cette dictée pourra être faite dans des conditions avantageuses. Ainsi, par exemple, si un imprimeur possédait un appareil de ce genre, il lui serait plus facile de composer en entendant directement les mots sortir de l'appareil, que de les lire sur des manuscrits souvent illisibles et de détourner ses yeux de son travail manuel. Il serait même bon qu'il pût, pour la vérification et le contrôle, parler directement dans l'instrument.

«Mais l'application la plus importante du phonographe au point de vue qui nous occupe en ce moment, est celle qui pourra en être faite, en justice, pour l'enregistration des dépositions des témoins, des plaidoiries des avocats, et des paroles des juges, et dans d'autres cas, à la reproduction des discours publics des orateurs. Il est vrai que le phonographe, dans son état actuel, ne peut pas encore résoudre ce problème; mais il sera bientôt assez perfectionné pour atteindre ce résultat.

«**Livres.**—La lecture des livres étant effectuée dans de bonnes conditions par des personnes dont c'est la profession, on pourra en reproduire l'enregistrement phonographique, et en composer des recueils qui pourront être lus par le phonographe aux aveugles, aux malades ou aux personnes qui voudraient pendant ce temps occuper leurs yeux et leurs doigts à faire autre chose.

Comme les feuilles enregistrées auraient été le résultat d'une bonne lecture, les auditeurs du phonographe auraient l'avantage d'entendre un bon lecteur, ce qui n'est pas toujours possible d'obtenir. Le prix d'un livre, dont la lecture pourrait être répétée 50 ou 100 fois et même plus, serait sans doute plus élevé qu'un livre ordinaire, mais cette élévation de prix serait bien compensée par les avantages qu'on aurait de n'être plus obligé de lire le livre à haute voix.

«**Besoins de l'éducation.**—Comme professeur d'élocution ou comme premier maître de lecture pour les enfants, le phonographe pourrait être d'un grand secours. Par son intermédiaire les passages difficiles pourraient être rendus correctement par l'élève, et celui-ci n'aurait plus qu'à avoir recours à son phonographe pour continuer à s'instruire. L'enfant pourrait ainsi s'exercer à épeler et à apprendre par cœur une leçon récitée par le phonographe.

«**Musique.**—Le phonographe, nous n'en doutons pas, pourra être appliqué avec avantage à la musique, car on pourra arriver, je le crois, à reproduire par son action un chant avec une grande force et une grande clarté. Un ami pourra donc nous envoyer avec son bonjour du matin un chant qui fera le soir le bonheur d'une réunion entière. On pourra même employer le phonographe comme maître de musique, car il pourra vous seriner un air et apprendre à l'enfant son premier chant. Il pourra même, comme une nourrice, endormir celui-ci dans une chanson.

«**Impressions de famille.**—Les dernières

paroles prononcées par un mourant à son lit de mort sont pour sa famille des souvenirs sacrés qu'on voudrait conserver, et ces souvenirs acquièrent une valeur plus grande encore quand ce mourant est un grand homme. Le phonographe permet de satisfaire à ce désir, et la répétition de ses paroles devient alors d'autant plus émotionnante, qu'elles sont empreintes de cet accent solennel que la voix acquiert au moment suprême. C'est en quelque sorte la photographie de la parole, et comme par les procédés électrotypiques on peut multiplier les reproductions des paroles ainsi enregistrées, tous les membres d'une famille peuvent avoir un spécimen des dernières volontés et des dernières paroles d'un membre qui lui est cher.

«**Livres phonographiques.**—Le peu de place que nécessite l'inscription de la parole par les moyens phonographiques permettrait d'obtenir sous un petit volume des livres phonographiques qui, entre autres avantages qu'ils pourraient présenter, auraient celui très-important de conserver aux générations futures l'intonation et la prononciation des différents mots de notre langage. Si on avait eu dans l'antiquité le phonographe, nous saurions aujourd'hui comment les Grecs et les Romains prononçaient les différentes lettres de leur alphabet, et nous pourrions avoir une idée du ton déclamatoire des Démosthènes et des Cicéron dans leurs discours. D'un autre côté, une lecture faite d'une manière aussi facile rendrait les ouvrages plus populaires, et beaucoup d'entre eux qui ne sont pas lus le seraient quand il ne s'agirait plus que d'écouter.

«**Boîtes à musique, joujoux, etc.**—La seule difficulté qu'on ait jusqu'ici rencontrée dans la reproduction du chant par le phonographe, difficulté qui, du reste, pourra être aplanie un jour, ce sont les sons étrangers et nasillards qui accompagnent cette reproduction et qui font qu'il est en ce moment impossible d'obtenir avec toute leur pureté et toute leur suavité les sons émis par la voix d'un habile chanteur. Si on pouvait se donner à volonté la reproduction d'un concert de la célèbre Adelina Patti, combien le phonographe deviendrait-il un instrument précieux!! Dans tous les cas, on pourra toujours obtenir de cette manière des effets bien supérieurs à ceux des boîtes à musique, puisqu'on pourra alors reproduire le chant de la voix humaine.

Les poupées pourront maintenant parler, chanter, rire et crier, et les animaux eux-mêmes, reproduits en joujoux, pourront pousser les cris qui leur sont propres; il n'est pas jusqu'à un modèle de locomotive qui ne puisse faire entendre les bruits qui accompagnent sa marche. Dans certains cabinets de curiosités, les figures de cire représentant les grands hommes de l'époque, pourront non-seulement donner une image fidèle de leurs traits, mais encore les faire parler, et l'illusion sera complète. D'un autre côté, une horloge phonographique au lieu de sonner ses coups monotones, vous dira poliment l'heure qu'il est; elle vous invitera au lunch et vous indiquera l'heure du réveil ou l'heure du coucher, l'heure d'une affaire ou l'heure du plaisir.

«**Applications à la télégraphie.**—Le phonographe perfectionnera le téléphone et révolutionnera le système actuel de la télégraphie. En ce moment, le téléphone a nécessairement un rôle restreint parce que les messages échangés, n'étant pas enregistrés, se réduisent à une simple conversation qui ne présente pas les garanties voulues; mais du jour où les appareils seront assez perfectionnés pour enregistrer les messages, la question changera complètement d'aspect, et ce mode d'enregistration sera bien préférable à l'écriture ordinaire. En effet, lorsque nous inscrivons nos conventions commerciales, nous résumons brièvement notre pensée, et nous pouvons employer des expressions qui peuvent laisser certains doutes dans l'esprit; or, ces doutes peuvent donner lieu à des discussions, souvent même à des malentendus regrettables. Avec le téléphone combiné au phonographe, il n'en serait pas de même, car les discussions préliminaires des affaires se trouveraient enregistrées, et l'on aurait la reproduction textuelle de tout ce qui aurait été convenu. Chaque mot pourrait alors éclairer la discussion en cas de contestation, et dans ces conditions, on pourrait avoir avantage à traiter les affaires à distance plutôt que verbalement, car on ne pourrait pas alors chercher une forme de langage capable d'embrouiller les questions et de créer des sujets de chicane. S'il en est déjà ainsi pour des personnes habitant un même lieu, il devra, à plus forte raison, en être de même pour les personnes éloignées les unes des autres, et surtout pour celles qui usent fréquemment du télégraphe et de la poste.

«Comment est-il possible d'arriver à un pareil résultat?... telle est la question qui doit naturellement nous être faite, et pour y répondre il suffira de dire que, puisque le téléphone et le phonographe mettent tous les deux à contribution une lame vibrante impressionnable aux ondes sonores de l'air, on peut disposer cette lame de façon à fonctionner à la fois comme téléphone et comme phonographe, et de cette manière, celui qui parle enregistre lui-même la parole, il la conserve, et comme son correspondant peut en faire autant, on a ainsi tous les éléments d'une discussion sérieuse. On économise donc de cette manière beaucoup de temps et même souvent beaucoup d'argent.

«Pour obtenir la solution de ce problème, il suffit de disposer l'appareil de manière à le rendre très-sensible à l'enregistration, et ce résultat peut être produit en augmentant l'amplitude des vibrations sur le téléphone transmetteur. Déjà le téléphone à charbon que j'ai imaginé peut être employé dans ce but, car il peut, tel qu'il est déjà, fournir quelques indications sur le phonographe, et comme je travaille toujours à le perfectionner à ce point de vue, on peut dès maintenant considérer cette application comme à peu près certaine.

«Dans l'avenir, les Compagnies télégraphiques ne seront donc que des administrations possédant des réseaux de fils télégraphiques, des stations centrales et des stations de second ordre, dont les employés n'auront d'autres fonctions à remplir que de surveiller les lignes et les maintenir en bon état, de fournir les communications de fils nécessaires pour mettre en rapport tel abonné avec tel autre, et de noter le temps employé par chacun d'eux pour sa correspondance.

«Les difficultés que peut présenter ce mode d'organisation télégraphiques aux yeux des personnes habituées aux anciens usages, sont très-minimes, et disparaîtront fatalement devant les besoins croissants de l'humanité; car il n'est rien de tel pour faire disparaître les préjugés ou les partis pris, que les exigences du public. Or ces exigences naîtront du moment où l'on saura que, par un nouveau système de correspondance télégraphique, les intéressés peuvent être mis directement en présence et avoir leur correspondance enregistrée d'une manière infiniment plus exacte qu'avec le meilleure secrétaire possible.»

Ici se termine le mémoire de M. Edison; mais depuis l'époque où il a paru, c'est-à-dire depuis le mois de juin 1878, plusieurs autres applications ont été encore combinées par lui, et parmi elles nous citerons celle qu'il en a faite à l'enregistration de la force des sons produits sur les chemins de fer, et notamment sur le chemin de fer métropolitain et aérien de New-York. L'appareil qu'il a construit dans ce but est d'ailleurs tout-à-fait analogue à celui de M. Léon Scott, et il lui adonné le même nom. Il est décrit et représenté d'une manière complète dans le *Daily Graphic*, du 19 juillet 1878, ainsi que l'aérophone, le mégaphone et le micro-tasimètre disposé pour les observations astronomiques. Nous sortirions du cadre que nous nous sommes tracé dans ce volume, si nous entrions dans de plus grands détails sur ces inventions; mais peut-être qu'un jour nous publierons un second volume dans lequel nous pourrons donner à ce sujet tous les développements qu'il comporte.

Dernièrement, M. Lambrigot, fonctionnaire de l'administration des lignes télégraphiques, l'auteur de divers perfectionnements apportés au télégraphe Caselli, m'a montré un système de phonographe combiné par lui et qui a été réduit à sa plus simple expression[32].

Il a trouvé moyen, par un procédé extrêmement simple, d'imprimer fortement, à l'intérieur d'une petite rigole de cuivre, les vibrations déterminées par la voix, et elles sont assez nettement gravées pour qu'en passant au travers la pointe émoussée d'une allumette, on puisse entendre des phrases entières. Il est vrai que cette reproduction de la parole est encore très-imparfaite, et qu'on ne distingue les mots que parce qu'on les connaît d'avance, mais il est possible qu'on puisse obtenir de meilleurs résultats en perfectionnant le système; toujours est-il que cette impression si nette des vibrations de la voix sur un métal dur est une invention réellement intéressante. [Table des Matières]

APPENDICES

Pour terminer, nous devons encore mentionner quelques travaux récents qui nous ont été communiqués trop tard pour occuper la place qui leur conviendrait.

Le plus important est de M. A. Righi et se rapporte à un système de téléphone qui permet d'entendre à plusieurs mètres de l'instrument. Pour obtenir ce résultat, on emploie un transmetteur à pile et un récepteur Bell à membrane de parchemin très-analogue au modèle que nous avons représenté (fig. 13). Seulement à l'électro-aimant à deux branches de ce dernier modèle, est substitué le système ordinaire à barreau droit qui est beaucoup plus développé. Le transmetteur est à peu près le même que celui de la figure 18, sauf qu'au lieu de liquide, M. Righi emploie de la plombagine mêlée à de la poudre argentée, et que l'aiguille de platine est remplacée par un disque. Le récipient où est la poudre tassée est porté par un ressort que peut pousser plus ou moins une vis de réglage. Enfin on emploie comme générateur électrique le courant de deux éléments de Bunsen.

Quand la distance séparant les deux instruments est grande, on introduit dans le circuit, à chaque station, une bobine d'induction dont le fil primaire est traversé par le courant de la pile locale, ainsi que le transmetteur, et qui est relié d'autre part avec le récepteur par un commutateur. Le circuit secondaire de ces bobines est ensuite complété par la terre et le fil de ligne. Il résulte de cette disposition que le courant induit qui actionne le récepteur en correspondance, ne produit son effet qu'après une seconde induction déterminée sur le fil primaire de la bobine locale, et il paraît que cet effet est bien suffisant; mais l'on a l'avantage, avec cette disposition, de pouvoir transmettre et recevoir sans autre manœuvre à faire que celle du commutateur.

Un autre travail intéressant nous a été aussi communiqué par MM. Ed. Houston et El. Thomson sur un relais téléphonique basé sur l'emploi du microphone. Dès le mois de février 1878, j'avais songé à ce problème, et voici ce que je disais dans ma communication à l'Académie du 25 février: «Si les vibrations de la lame du téléphone récepteur étaient semblables à celles du téléphone transmetteur, il est facile de concevoir qu'en substituant au téléphone récepteur un téléphone à la fois récepteur et transmetteur ayant sa pile locale, ce dernier pourrait réagir comme un relais, grâce à l'intermédiaire de la bobine d'induction, et pourrait ainsi non-seulement amplifier les sons, mais encore les transmettre à toute distance; mais il n'est pas prouvé que les vibrations des deux lames en correspondance soient de la même nature, et si les sons résultent de rétractions et dilatations moléculaires, le problème serait beaucoup plus difficile à résoudre. Ce sont des expériences à tenter.» Eh bien! ces expériences ont été tentées avec succès par M. Hughes, qui, ainsi qu'on l'a vu page 194, est parvenu, grâce à la combinaison du microphone au téléphone, à faire un relais téléphonique. Le relais de MM. Houston et Thomson ne diffère de celui de M. Hughes qu'en ce que le microphone, au lieu d'être placé sur une planche de bois à côté du téléphone, est fixé sur le diaphragme lui-même du téléphone et se compose de trois microphones à charbons verticaux que l'on peut associer en tension ou en quantité, suivant les conditions de l'application. Le modèle de cet appareil est reproduit dans la *Telegraphic Journal* du 15 août 1878, et nous y renvoyons le lecteur qui voudrait avoir plus de renseignements à ce sujet.

D'un autre côté M. Hughes est parvenu à obtenir un relais téléphonique par l'intermédiaire de deux microphones à charbon vertical. En plaçant sur une planchette deux microphones de ce genre, et reliant l'un de ces microphones à un troisième servant de transmetteur, alors que le second est mis en rapport avec un téléphone et une seconde pile, on entend dans le téléphone les paroles prononcées devant le microphone transmetteur sans que le relais téléphonique mette à contribution aucun organe électro-magnétique.

On peut encore obtenir la reproduction de la parole au moyen d'un microphone, en fixant sur la même planche que ce microphone un aimant en fer à cheval entre les pôles duquel est adapté un noyau de fer doux recouvert de la bobine magnétisante. C'est encore un système de *relais téléphonique* qui fonctionne sans diaphragme électro-magnétique.

Enfin, on peut faire parler distinctement un téléphone sans noyau magnétique. Une simple lame de fer et un tube de cuivre évasé sur lequel est enroulée la bobine, tels sont les éléments constituants de ce nouvel instrument qui, suivant l'auteur, *parlerait plus distinctement qu'un Bell ordinaire* sous l'influence d'un microphone transmetteur et d'une pile de six éléments Leclanché.

M. Ader, de son côté, vient d'exécuter un modèle de téléphone qui a aussi son mérite. Le récepteur n'est autre chose qu'un électro-aimant ordinaire à deux branches, dont l'armature est soutenue à deux millimètres environ de ses pôles, par une lame de verre à laquelle elle est collée, et qui elle-même est fixée à deux supports rigides. Pour entendre, il suffit de l'appliquer contre l'oreille. Le transmetteur est une tige mobile de fer ou de charbon qui appuie sur un morceau de charbon fixe, sans autre pression que son poids, et qui porte une plaque concave devant laquelle on parle. Ces deux pièces sont disposées de manière à se mouvoir horizontalement, de sorte que, quand l'appareil est suspendu, le circuit est forcément disjoint par ce seul fait, alors qu'il se trouve fermé au moment où on prend l'appareil pour parler. La parole est très-bien reproduite avec ce système qui, exécuté dans de plus grandes dimensions, peut transmettre la parole à une certaine distance.

En fait de microphones, nous devons encore signaler de nouveaux modèles combinés par M. Trouvé, dont un est représenté fig. 67. Ils sont d'une simplicité réellement remarquable et peuvent se prêter à beaucoup d'expériences différentes; ils se composent généralement d'une petite boîte cylindrique verticale, dont les deux bases sont constituées par deux disques de charbon dont les centres sont réunis soit par une tige de charbon, soit par une tige métallique. Ces boîtes peuvent s'ouvrir, et servent en même temps de caisse pour renfermer des insectes dont on veut étudier les bruits; elles peuvent être suspendues à une potence par les deux fils de communication pour éviter les coussins, et en s'appliquant sur le cadran d'une montre, elles en révèlent les battements avec une certaine intensité.

Au moment où nous terminons l'impression

de notre volume, nous recevons de M. Edison la communication suivante, signée de MM. Edison, Batchelor et J. Adams, qui semblerait indiquer que le récepteur téléphonique sans organe électro-magnétique aurait été découvert par lui dès le 24 septembre 1877. Cette communication est une copie extraite du registre d'expériences de M. Edison et qui est ainsi conçue:

«Sept. 24 1877.

Télégraphe parlant.

Ce soir, en essayant des parleurs, nous avons remarqué que les sons ordinaires étaient reproduits très-haut. Quand j'ai fait éloigner le receveur de M. Batchelor, celui-ci remarqua ou crut entendre M. Adams parler dans le transmetteur. Cherchant à se rendre compte de cet effet, il répéta l'expérience et reconnut qu'il ne s'était pas trompé, et il continua la conversation avec M. Adams pendant plusieurs minutes, *en n'employant que deux transmetteurs*. La pile se composait de 12 éléments, et le circuit était de 1200 Ohms (120 kilomètres de fil télégraphique); mais avec 100, on pouvait fonctionner sur une ligne. Toutefois, comme les sons transmis étaient un peu bas, les sons reproduits l'étaient également, et même n'étaient pas toujours entendus. Je me propose d'entreprendre une série d'expériences avec un récepteur basé sur le principe de l'expansion et avec différentes compositions.

MM. A. Edison, Mac. Batchelor, James Adams.

Une seconde communication de M. Edison, qu'il m'a également envoyée, se rapporte à un appareil auquel il a donné le nom de *gouverneur électrique*. C'est un électro-aimant dont l'armature, soulevée par un ressort antagoniste, appuie contre un disque de charbon placé au-dessus d'elle et du côté opposé au pôle électro-magnétique. Le courant qui passe à travers l'électro-aimant continue sa marche à travers le disque de charbon, et suivant que la pression exercée par l'armature sur le charbon est plus ou moins grande, son intensité est plus ou moins marquée. Or cette pression dépend de l'excès de force du ressort antagoniste sur l'attraction électro-magnétique. Quand celle-ci s'affaiblit, la pression sur le charbon augmente, et l'intensité du courant, devenant plus forte, fait réagir l'électro-aimant plus fortement. Quand, au contraire, celui-ci agit trop fortement, la pression sur le charbon diminuant, affaiblit le courant et, par suite, l'action électro-magnétique se trouve forcée de rester constante entre les limites qui ont été réglées. On comprend qu'en ajoutant au-dessus du charbon dont il vient d'être question un second charbon isolé du premier, on pourrait faire réagir l'appareil sur un second circuit qui se trouverait régularisé en même temps.

Un régulateur d'une disposition analogue, mais fondé sur un autre principe, avait été déjà appliqué par MM. Lacassagne et Thiers pour un régulateur de lumière électrique.[Table des Matières]

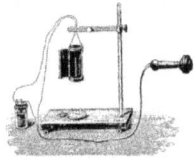

Fig. 67.

TABLE DES MATIÈRES

21 651.—Typographie Lahure, rue de Fleurus, 9, à Paris

Note 1: Voy. t. II, p. 225, et t. III, p. 110, de la 2ᵉ édition du même ouvrage publiée en 1857. [Retour au texte principal]

Note 2: Voy. le *Journal de la Société des Ingénieurs télégraphistes de Londres*, t. VI, p. 417 et 419.[Retour au texte principal]

Note 3: Voy. le Mémoire de M. Bell dans le *Journal de la Société des Ingénieurs télégraphistes de Londres*, t. VI, p. 407.[Retour au texte principal]

Note 4: Cette description n'était que la répétition d'un article publié antérieurement dans le *Journal de l'Arrondissement de Valognes*.[Retour au texte principal]

Note 5: M. Gray dans un article inséré dans le *Telegrapher* du 7 octobre 1876, et dont on trouvera une traduction dans les *Annales télégraphiques* de mars-avril 1877, p. 97-120, entre dans de longs détails sur ce mode de transmission des sons par les tissus du corps humain, et voici, suivant lui, les conditions dans lesquelles il faut être placé pour obtenir de bons résultats:

1° Les émissions électriques doivent avoir une tension considérable pour rendre l'effet perceptible à l'oreille;

2° La substance employée pour toucher la plaque métallique doit être douce, flexible et conductrice jusqu'au point de contact; là, il faut interposer une résistance très-mince, ni trop grande ni trop petite;

3° La plaque et la main ou autre tissu, ne doivent pas seulement être en contact, il faut que ce contact résulte d'un frottement ou d'un glissement;

4° Les parties en contact doivent être sèches, afin de conserver le degré voulu de résistance. [Retour au texte principal]

Note 6: Voici les noms des physiciens qu'il cite dans son *Mémoire sur l'électric telephony*: MM. Page, Marrian, Beatson, Gassiot, De la Rive, Matteucci, Guillemin, Wertheim, Wartmann, Janniar, Joule, Laborde, Legat, Reiss, Poggendorff, du Moncel, Delezenne, Gore, etc. (Voy. le Mémoire de M. G. Bell, dans le *Journal de la Société des Ingénieurs télégraphistes de Londres*, t. VI, p. 590, 391.)[Retour au texte principal]

Note 7: Ceci n'est pas exact, car M. Elisha Gray en avait déjà reconnu l'importance pour les transmissions des sons combinés.[Retour au texte principal]

Note 8: Ce système, comme on le verra, est venu après celui de M. Elisha Gray.[Retour au texte principal]

Note 9: C'est cette disposition qui est représentée dans le brevet de M. Bell, de février 1876.[Retour au texte principal]

Note 10: Cet appareil était constitué par un système électro-magnétique composé d'un électro-aimant M recouvert par une bobine d'induction et devant les pôles duquel était placée la membrane avec son disque de fer. Cette membrane pouvait être plus ou moins tendue au moyen des vis v, v, v adaptées à une sorte d'entonnoir E formant cornet acoustique, et servant d'embouchure: le système électro-magnétique était soutenu par une vis qui permettait de l'éloigner plus ou moins de la membrane et, par conséquent, du disque de fer qui servait d'armature.[Retour au texte principal]

Note 11: S'il faut en croire M. Prescott, ce transmetteur, que M. Bell semble vouloir s'attribuer, était l'appareil de Gray lui-même.[Retour au texte principal]

Note 12: Cette propriété était connue depuis longtemps, mais non appliquée. Je l'avais indiquée dès 1856 dans le tome I de mon *Exposé des applications de l'électricité*, page 240 (2e édition), à propos des interrupteurs de circuit. J'en ai parlé encore dans un Mémoire sur les électro-aimants à fil nu (publié en 1865 dans les *Annales télégraphiques*) et dans plusieurs notes présentées à l'Académie des sciences en 1872 et 1875 sur la conductibilité des limailles et poussières conductrices. M. Clérac, de son côté, en 1865, la mettait à contribution pour obtenir des résistances variables.[Retour au texte principal]

Note 13: J'ai pu, dès l'année 1865, m'assurer de la vérité de cette observation, en provoquant le serrage des spires d'un électro-aimant à fil nu. Plus le nombre des spires était considérable dans le sens de la pression, plus les différences de résistance de l'hélice magnétisante étaient accentuées.[Retour au texte principal]

Note 14: M. Hellesen m'a communiqué le dessin de son appareil le 3 mai 1878. Or les expériences faites à Copenhague dataient de plus de six semaines.[Retour au texte principal]

Note 15: M. J. M. Page avait déjà reconnu que si un téléphone est placé dans le circuit de l'hélice primaire d'une bobine d'induction alors que l'hélice secondaire de cet appareil est placée dans le circuit d'un électromètre capillaire de M. Lippmann, il se produit à chaque mot prononcé dans le téléphone un mouvement de la colonne mercurielle de l'électromètre, lequel mouvement s'effectue vers le bout capillaire du tube et quelle que soit la direction du courant envoyé par le téléphone. On reconnut que cet effet était dû à ce que le mercure tend toujours à se mouvoir plus rapidement du côté du bout capillaire que du côté opposé.[Retour au texte principal]

Note 16: Voici un extrait d'une lettre de M. Edison relative à ces expériences et qui est datée du 25 novembre 1877.

«J'ai construit, dit-il, un couple de téléphones

fonctionnant avec des diaphragmes de cuivre et qui est basé sur les effets du magnétisme de rotation d'Arago. J'ai reconnu qu'un diaphragme de cuivre peut remplacer la lame de fer, dans l'appareil de Bell, si le cuivre a seulement 1/32 de pouce d'épaisseur. L'effet produit est très-petit quand le diaphragme de cuivre existe dans les deux appareils en correspondance, mais quand l'un de ces appareils, le récepteur, conserve la disposition ordinaire et que le téléphone transmetteur seul est muni de la lame de cuivre, on peut parler des deux côtés avec facilité.»

M. Preece a répété ces expériences, mais il n'a obtenu que des effets extrêmement faibles et à peine distincts; il croit, en conséquence, qu'ils ne peuvent être d'aucune utilité pour la pratique, mais qu'ils sont très-intéressants au point de vue théorique. [Retour au texte principal]

Note 17: Suivant M. J. Bosscha, qui a publié dans les *Archives néerlandaises*, T. XIII, un mémoire très-intéressant sur l'intensité des courants électriques du téléphone, l'intensité minima de courant nécessaire pour fournir un son dans un téléphone par la vibration de son diaphragme, pourrait être au-dessous de un cent millième de celle d'un élément Daniell, et le déplacement du centre du diaphragme pourrait être alors invisible, car il ne serait guère que de 2,5 millionièmes de millimètre pour une intensité de courant n'étant que un dix-millième de l'intensité du même élément Daniell. Quant à l'amplitude des mouvements produits par le diaphragme sous l'influence de la voix, il n'a pu la mesurer exactement, mais il la croit inférieure à un millième de millimètre, et il en résulterait que, pour un son de 880 vibrations, l'intensité des courants induits développés serait 0,0000792 de l'unité d'intensité électro-magnétique. [Retour au texte principal]

Note 18: Voici comment ces expériences sont décrites par l'auteur: les aimants employés avaient à peu près les dimensions ordinaires, 1 pouce 1/2 de diamètre, et une longueur environ huit fois aussi grande. On s'est servi d'abord de plaques de fer; mais elles n'étaient nullement nécessaires. Mettant de côté ces plaques, j'ai essayé naturellement un certain nombre de substances: d'abord une plaque mince d'étain qui convenait parfaitement et pour transmetteur et pour récepteur. Une plaque de tôle de 1/10 d'épaisseur environ n'opérait pas aussi bien, mais tout ce qu'on disait était parfaitement compris. En faisant les expériences avec ces plaques, on les mettait simplement au haut de l'instrument sans qu'elles y fussent fixées en aucune manière; le pavillon en bois du sommet et la cavité conique a été aussi mis de côté, parce que la transmission et la réception se faisaient également sans elles. Cette partie de l'instrument semble superflue, car le son, lorsque la simple plaque est appuyée à plat contre l'oreille, paraît plus fort à cause de sa plus grande proximité. Maintenant, les plaques de fer ne paraissent pas être absolument nécessaires, quoique le fer agisse mieux qu'aucune autre chose, et que les substances diamagnétiques agissent aussi très-bien. Désirant que mon assistant qui était à une certaine distance et ne pouvait en aucune manière percevoir un son direct, continuât de compter pendant quelque temps, j'ai enlevé la plaque de fer et mis en travers de l'instrument un large barreau de fer, de 1/1 de pouce d'épaisseur. En plaçant mon oreille contre lui, j'ai entendu chaque nombre distinctement, mais un peu affaibli. Un morceau carré de cuivre, de 3/3 de pouce, a été mis en place; le son quoique distinct, n'était pas aussi fort que précédemment. Des morceaux épais de plomb, de zinc et d'acier ont été tour à tour essayés. L'acier agit à peu près comme le fer, et, comme dans les autres cas, chaque mot prononcé était faiblement et distinctement entendu. Quelques-uns de ces métaux étaient diamagnétiques, et cependant l'action se produisait. Des substances non métalliques ont été ensuite essayées; d'abord un morceau de verre de vitre; il opérait vraiment très-bien. Avec du bois, un morceau d'une boîte à allumettes, l'action était faible; mais en plaçant des morceaux d'une épaisseur graduellement croissante, le son augmentait sensiblement, et avec un morceau grossier de bois de 1 pouce 1/2 d'épaisseur, le son était parfaitement distinct. J'ai mis ensuite en place une boîte vide en bois; elle agissait très-bien. Un morceau de liège épais de 1/2 pouce agissait, mais un peu faiblement. Un bloc de pierre à rasoir, épais de 2 pouces, a été placé sur l'instrument, et en appliquant l'oreille contre lui, on pouvait suivre facilement celui qui parlait. Alors j'ai essayé sans qu'il y eût rien d'interposé, et j'ai placé mon oreille tout contre l'aimant et la bobine, et, ce qui est vraiment très-curieux, sans aucune plaque vibrante, j'ai pu entendre faiblement, et en écoutant attentivement j'ai pu comprendre tout ce qu'on disait. La chose a été répétée plusieurs fois: la transmission mécanique du son était impossible, car beaucoup de mètres de fil étaient couchés sur le sol, et cependant sans qu'il y eût rien d'interposé (excepté de l'air) entre mon oreille et l'extrémité de l'aimant, j'ai pu comprendre ce qui était dit. Dans toutes ces expériences, les sons ont été perçus, mais les sons transmis ou essayés agissaient un peu différemment. Un diapason, qu'on faisait sonner et qu'on plaçait sur la plaque même de fer ou sur le bois de l'instrument était entendu clairement; pour la parole, les plaques minces de fer agissaient mieux. Avec d'autres corps, la pierre, le bois épais, le verre, le zinc, etc., le son du diapason était entendu, soit qu'il reposât sur eux, soit qu'on tînt sur eux la branche vibrante. Ces corps épais ne convenaient pas pour transmettre le son de la voix. Tous ont été mis de côté, et l'instrument sonore a été tenu directement sur le pôle de l'aimant; le son a été clairement entendu, quoiqu'il n'y eût rien d'interposé, excepté l'air, entre le diapason et l'extrémité de l'aimant. L'intensité du son n'était peut-être pas aussi grande quand le diapason posait directement sur le pôle que quand il était tenu sur l'extrémité de l'aimant. J'ai ensuite essayé si ma voix serait entendue avec cet arrangement. Le résultat a été un peu douteux, mais je pense que quelque action a dû se produire, car le diapason était entendu lorsqu'il vibrait simplement dans le voisinage du pôle; l'effet produit par la voix doit avoir différé seulement par le degré d'intensité; il était trop faible pour être entendu à l'autre extrémité. J'ai répété ces résultats, je les ai rendus tout à fait certains, et j'ai réussi à transmettre les sons très-distinctement sans plaque sur le pôle, et j'ai entendu en retour distinctement tout ce qui était dit en plaçant mon oreille contre l'instrument, sans qu'il y eût aucune plaque.[Retour au texte principal]

Note 19: Voir les Mémoires de MM. de la Rive et Guillemin aux *Comptes rendus de l'Académie des sciences*, t. XXII.[Retour au texte principal]

Note 20: Voici ses propres paroles: «The articulation produced from the instrument (le récepteur à électro-aimant tubulaire) was remarkably distinct, but its great defect consisted in the fact that it could not be used as a transmitting instrument, and thus two telephones were required at each station, one for transmitting and one for receiving spoken messages.»[Retour au texte principal]

Note 21: Voici textuellement ce que j'en dis dans cet ouvrage: «Une chose curieuse à constater et qui paraît être, au premier abord, en contradiction avec la théorie que l'on s'est faite de l'électricité, c'est que la plus ou moins grande pression exercée entre les pièces de contact des interrupteurs influe considérablement sur l'intensité des courants qui les traverse. Cela tient souvent à ce que les métaux ne sont pas toujours dans un état parfait de décapage au point de contact, mais peut-être aussi à une cause physique encore mal appréciée. Ce qui est certain, c'est que dans les interrupteurs où la pièce mobile de contact est sollicitée par une force extrêmement minime, le courant éprouve souvent des affaiblissements assez notables pour faire manquer la réaction électrique qu'on attend d'eux.»[Retour au texte principal]

Note 22: On obtient ces charbons en chauffant pendant 20 minutes à une température qu'on élève successivement jusqu'au rouge blanc, des fragments de bois de sapin à fibres serrées que l'on enferme dans une boîte ou un tube de fer hermétiquement fermée.[Retour au texte principal]

Note 23: M. Willoughby-Smith a varié encore cette expérience en plaçant sur les bouts disjoints du circuit qu'il disposait angulairement l'un par rapport à l'autre, un paquet de fils de soie cuivrés. Dans ces conditions, l'appareil devenait tellement sensible, que le courant d'air résultant d'une lampe placée au-dessous du système, déterminait un crépitement très-accentué dans le téléphone.[Retour au texte principal]

Note 24: Voici ce que dit M. Hughes, relativement à cette disposition: «Le charbon, en raison de son inoxydabilité, est un corps précieux pour ce genre d'applications. En y alliant le mercure, les effets sont beaucoup meilleurs. Je prends pour cela le charbon employé par les artistes pour leurs dessins, je le chauffe graduellement au blanc, et le plongeant ensuite tout d'un coup dans le mercure, ce métal s'introduit instantanément en globules dans les pores du charbon et le métallise pour ainsi dire. J'ai essayé aussi du charbon recouvert d'un dépôt de platine ou imprégné de chlorure de platine, mais je n'ai pas eu un effet supérieur à celui que j'obtenais par le moyen précédent. Le charbon de sapin chauffé à blanc dans un tube de fer contenant de l'étain et du zinc ou tout autre métal s'évaporant facilement, se trouve également métallisé, et il est dans de bonnes conditions si le métal est à l'état de grande division dans les pores de ce corps, ou s'il n'entre pas en combinaison avec lui. Le fer, introduit de cette manière dans le charbon, est un des métaux qui m'a donné les meilleurs effets. Le charbon de sapin, quoique mauvais conducteur, acquiert de cette manière un grand pouvoir conducteur.»[Retour au texte principal]

Note 25: Suivant M. Hughes, les vibrations qui affectent le microphone, même quand on parle à distance de l'instrument, ne proviendraient pas de l'action directe des ondes sonores sur les contacts du microphone, mais des vibrations moléculaires déterminées par elles sur la planche servant de support à l'appareil; il montre, en effet, que plus cette planche présente de surface, plus les sons produits par le microphone sont intenses, et qu'en enfermant le microphone de son parleur dans une enveloppe cylindrique, il ne diminue pas beaucoup la sensibilité, si la boîte qui renferme le tout présente une certaine surface. C'est pour augmenter encore, à ce point de vue, la sensibilité de ses appareils, qu'il adapte la monture sur laquelle pivote la pièce mobile du parleur et du récepteur microphonique sur une lame de ressort.[Retour au texte principal]

Note 26: Nous reproduisons ci-dessous une lettre que sir William Thomson a publiée au sujet de cette discussion:

«Monsieur,

«Au plaisir que le public a éprouvé en prenant

connaissance de ces magnifiques découvertes qui, sous le nom de téléphone, de microphone et de phonographe, ont tant étonné le monde savant, est venu se mêler dernièrement, très-inutilement, j'ai besoin de le dire, un des incidents les plus regrettables qui puissent se produire. Il s'agit d'une réclamation de priorité accompagnée d'accusation de mauvaise foi, qui a été lancée par M. Edison contre une personne dont le nom et la réputation sont depuis longtemps respectés dans l'opinion publique.

«Avant de faire intervenir le public dans une semblable affaire, M. Edison aurait dû évidemment discuter sa réclamation avec M. Preece qui était, depuis l'origine de toutes ses inventions, en correspondance avec lui; ou bien encore, il aurait pu, en s'adressant directement aux journaux publics, établir sa réclamation, en montrant avec calme la grande similitude qui pouvait exister entre son téléphone à charbon et le microphone de M. Hughes qui l'avait suivi. Le monde scientifique aurait alors pu juger le débat avec calme, il aurait pu s'y intéresser et examiner sainement ce qu'il pouvait y avoir de commun entre les deux inventions. Mais, par son attaque violente dans les journaux contre MM. Preece et Hughes, et en les accusant de *piraterie*, de *plagiat* et d'*abus de confiance*, il a ôté tout crédit à sa réclamation aux yeux des personnes compétentes. Rien d'ailleurs n'était moins fondé que ces accusations. M. Preece fit lui-même la description détaillée du téléphone à charbon de M. Edison à la réunion de l'Association britannique qui eut lieu à Plymouth, en août dernier; il en fit ressortir le mérite, et les journaux publics en rendirent compte d'après sa communication. Les magnifiques résultats présentés, au commencement de l'année, par M. Hughes avec son microphone, ont été décrits par lui-même sous une forme telle, qu'il est impossible de mettre en doute qu'il n'ait travaillé sur son propre fonds et en dehors de toutes les recherches de M. Edison qu'il n'avait pas le plus petit intérêt à s'approprier.

«Il est vrai que le principe physique appliqué par M. Edison dans son téléphone à charbon et par M. Hughes dans son microphone est le même; mais il est également le même que celui employé par M. Clérac, fonctionnaire de l'administration des lignes télégraphiques françaises, dans son tube à résistance variable qu'il avait donné à M. Hughes et à d'autres en 1866 pour des usages pratiques importants, appareil qui, du reste dérive entièrement de ce fait signalé il y a longtemps par M. du Moncel, que *l'augmentation de pression entre deux conducteurs en contact produit une diminution dans leur résistance électrique.*»[Retour au texte principal]

Note 27: Le résonnateur d'Helmholtz repose sur ce principe qu'un volume d'air contenu dans un vase ouvert émet une certaine noic quand il est mis en vibration, et que la hauteur de cette note dépend de la dimension du vase et de celle de l'ouverture découverte. La forme employée par Helmholtz est celle d'un globe, avec ouverture large sur un côté et petite sur l'autre; c'est cette dernière qu'on approche de l'oreille. S'il y a dans l'air une série de sons musicaux, c'est celui qui est d'accord avec la note fondamentale du globe qui est renforcé et qui est perçu parmi tous les autres. C'est du reste le même effet qui se produit quand en chantant dans un piano, on entend certaines cordes qui vibrent plus fortement que les autres. Ce sont précisément celles qui vibrent à l'unisson des sons émis. On a donné aux résonnateurs des formes bien différentes; les plus employées sont des caisses plus ou moins longues qui servent en même temps de boîtes sonores.[Retour au texte principal]

Note 28: J'avais décrit dans le tome III de mon exposé des applications de l'électricité, p. 466, un système de ce genre, que M. Varley avait expérimenté au moment de la pose du câble transatlantique français.[Retour au texte principal]

Note 29: Voici le texte du pli cacheté de M. Cros, ouvert sur sa demande à l'Académie des sciences le 3 décembre 1877. (Voir comptes rendus, tome 85, p. 1082). «En général, mon procédé consiste à obtenir le tracé de va et vient d'une membrane vibrante et à se servir de ce tracé pour reproduire le même va et vient, avec ses relations intrinsèques de durées et d'intensités, sur la même membrane ou sur une autre appropriée à rendre les sons et bruits qui résultent de cette série de mouvements.

«Il s'agit donc de transformer un tracé extrêmement délicat, tel que celui qu'on obtient avec des index légers frôlant des surfaces noircies à la flamme, de transformer, dis-je, ces tracés en relief ou creux résistants capables de conduire un mobile qui transmettra ses mouvements à la membrane sonore.

«Un index léger est solidaire du centre de

figure d'une membrane vibrante; il se termine par une pointe (fil métallique, barbe de plume, etc.), qui repose sur une surface noircie à la flamme. Cette surface fait corps avec un disque animé d'un double mouvement de rotation et de progression rectiligne. Si la membrane est en repos, la pointe tracera une spirale simple; si la membrane vibre, la spirale tracée sera ondulée et ses ondulations présenteront exactement tous les va et vient de la membrane en leur temps et en leurs intensités.

«On traduit, au moyen de procédés photographiques actuellement bien connus, cette spirale ondulée et tracée en transparence par une ligne de semblables dimensions, tracée en creux ou en relief dans une matière résistante (acier trempé, par exemple).

«Cela fait, on met cette surface résistante dans un appareil moteur qui la fait tourner et progresser d'une vitesse et d'un mouvement pareils à ceux dont avait été animée la surface d'enregistrement. Une pointe métallique, si le tracé est en creux, ou un doigt à encoche, s'il est en relief, est tenue par un ressort sur ce tracé, et, d'autre part, l'index qui supporte cette pointe est solidaire du centre de figure de la membrane propre à produire des sons. Dans ces conditions, cette membrane sera animée, non plus par l'air vibrant, mais par le tracé commandant l'index à pointe, d'impulsions exactement pareilles en durées et en intensités, à celles que la membrane d'enregistrement avait subies.

«Le tracé spiral représente des temps successifs égaux par des longueurs croissantes ou décroissantes. Cela n'a pas d'inconvénients si l'on n'utilise que la portion périphérique du cercle tournant, les tours de spires étant très-rapprochés; mais alors on perd la surface centrale.

«Dans tous les cas, le tracé de l'hélice sur un cylindre est très-préférable et je m'occupe actuellement d'en trouver la réalisation pratique.»[Retour au texte principal]

Note 30: Ne jamais établir le contact entre le stylet et le cylindre avant que celui-ci soit recouvert de la feuille d'étain.

Ne commencer à tourner le cylindre qu'après s'être assuré que tout est en place. Avoir toujours soin, en faisant revenir le stylet au point de départ, de ramener l'embouchure en avant.

Laisser toujours une marge de 5 à 10 millimètres à la gauche et au commencement de la feuille d'étain, car si le stylet décrivait la courbe sur le bord extrême du cylindre, il pourrait déchirer le papier ou sortir de la rainure.

Avoir soin de ne pas détacher le ressort du coussin en caoutchouc.

Pour placer la feuille d'étain sur le cylindre, enduire l'extrémité de la feuille avec du vernis au moyen d'un pinceau, prendre cette extrémité entre le pouce et l'index de la main gauche, le côté gommé vers le cylindre, la relever avec la main droite et la tendre fortement en l'appliquant contre le cylindre de façon à bien lisser le papier, appliquer alors le bout gommé sur l'autre extrémité et les réunir fortement.

Pour ajuster le stylet et le placer au centre de la rainure, ramener le cylindre vers la droite afin de mettre le stylet en face de l'extrémité gauche de la feuille de métal, faire avancer doucement et peu à peu le cylindre jusqu'à ce que le stylet touche la feuille d'étain avec assez de force pour y laisser une trace.

Observer si cette trace est bien au centre de la rainure (pour cela avec l'ongle rayer en travers le cylindre), si non ajuster le stylet à gauche ou à droite au moyen de la petite vis placée au haut de l'embouchure.

La meilleure profondeur à donner à la trace du stylet est de 1/3 de millimètre, c'est-à-dire juste assez pour que le stylet, quelle que soit l'ampleur des vibrations de la plaque, laisse toujours une légère trace sur la feuille.

Pour reproduire les mots, faire en sorte de tourner la manivelle avec la même vitesse que lors de l'inscription; la vitesse moyenne doit être de 80 tours par minute.

Pour parler dans l'appareil, appuyer la bouche contre l'embouchure; les sons gutturaux ou la voix de poitrine se gravent mieux que la voix de fausset.

Pour reproduire les sons, desserrer la vis de pression et ramener en avant l'embouchure; faire revenir le cylindre au point de départ, rétablir le contact entre la pointe du stylet et la feuille, faire tourner de nouveau le cylindre dans le même sens que lorsque la phrase a été prononcée.

Pour augmenter le volume de son restitué: appliquer sur l'embouchure un cornet en carton, en bois ou en corne, de forme conique dont l'extrémité inférieure sera un peu plus large que l'ouverture placée devant la plaque vibrante.

Le stylet est fait d'une aiguille n° 9 un peu aplatie sur les deux côtés par frottement sur une pierre huilée: il est facile de construire un stylet, d'ailleurs la maison en a de rechange à la disposition de ses clients.

Le coussin de caoutchouc qui réunit la plaque au ressort sert à atténuer les vibrations de la plaque.

Dans le cas où ce coussin viendrait à se détacher: chauffer la tête d'un petit clou, l'appuyer sur la cire qui colle le coussin à la plaque ou au ressort jusqu'à ce que cette cire soit amollie, et alors après avoir retiré le clou, presser légèrement le caoutchouc sur la partie décollée jusqu'à ce que, étant refroidie, la cire fasse adhérer le coussin à la plaque ou au ressort.

Avoir soin de renouveler de temps à autre ces coussins qui, par l'usage, perdent de leur élasticité.

En les remplaçant: faire attention à ne pas abîmer la plaque vibrante, soit par une pression trop forte, soit par une éraflure avec l'instrument qui servira à maintenir le coussin.

Commencer les expériences par des mots isolés ou par des phrases très-courtes: les augmenter au fur et à mesure que l'oreille s'habitue au timbre particulier de l'appareil.

Varier les intonations et faire reproduire les phrases ou les airs sur des tons différents en accélérant ou en ralentissant le mouvement de rotation du cylindre.

Imiter les cris d'animaux (coq, poule, chien, chat, etc.)

Faire jouer dans l'embouchure devant laquelle on aura au préalable placé un cornet en carton, des instruments en cuivre.

Autant que possible jouer des airs sur mesure rapide, leur reproduction parfaite, sans mouvement d'horlogerie, étant plus facile à obtenir que celle des airs lents.[Retour au texte principal]

Note 31: M. Edison dit que son préparateur a pu lire, sans en perdre un mot, plusieurs colonnes d'un article de journal qui lui était inconnu et qui avait été enregistré sur l'appareil en son absence. La seule chose qu'il ne put pas distinguer fut la nature de la prononciation de celui qui avait provoqué cette enregistration, et suivant M. Edison, ce ne serait pas un défaut, car souvent la prononciation de l'instrument est meilleure que celle de certains individus qui, par suite d'un défaut de langue ou de lèvres, ne parlent pas distinctement. «Le mécanisme du phonographe, dit M. Edison, diminue ou supprime ce défaut.» Nous devons toutefois avouer que nous avons peine à croire à cette vertu du phonographe qui nous a toujours fait entendre une voix de polichinelle enroué dont nous l'aurions dispensé avec plaisir.[Retour au texte principal]

Note 32: Voici la description du procédé de M. Lambrigot telle qu'il vient de me l'envoyer:

«L'appareil se compose d'un plateau de bois dressé verticalement sur un socle et fixé solidement. Au milieu de ce plateau se trouve une ouverture ronde recouverte d'une feuille de parchemin bien tendue, sur laquelle appuie un couteau d'acier qui doit, comme la pointe du phonographe, tracer les vibrations. Un bâtis solide s'élève depuis le socle jusqu'au milieu du plateau, et supporte une glissière qui permet à un chariot de circuler devant ce plateau. Sur ce chariot se trouve une baguette de verre dont l'une des faces est recouverte de stéarine. En rapprochant le chariot et en le faisant aller et venir, la stéarine se trouve en contact avec le couteau, et prend régulièrement sa forme qui est hémi-cylindrique sur toute sa longueur.

«Lorsqu'un bruit se fait entendre, la feuille de parchemin se met en vibration et communique son mouvement au couteau, qui pénètre dans la stéarine et trace des stries variées.

«La reproduction ainsi obtenue sur la baguette de verre est soumise aux procédés ordinaires de métallisation. Par la galvanisation, on obtient un dépôt de cuivre qui reproduit les stries en sens inverse. Lorsqu'on veut faire parler la lame métallique, il suffit de passer légèrement sur les signaux une pointe de bois, d'ivoire ou de corne, et en la promenant plus ou moins vite, on peut faire entendre des intonations diverses sans altérer la prononciation.

«En raison de la dureté du cuivre par rapport au plomb, la lame de cuivre qui contient les traces des vibrations, peut donner sur ce dernier métal un nombre illimité de reproductions. Pour obtenir ce résultat, il suffit d'appliquer sur la lame en question un fil de plomb, et d'opérer sur ce fil une pression convenable. Le fil s'aplatit et prend l'empreinte de toutes les traces qui apparaissent alors en relief. En passant à travers ces traces la tranche d'une carte à jouer, on provoque les mêmes sons que ceux que l'on obtient avec la lame de cuivre.»

Suivant M. Lambrigot, les lames parlantes peuvent être utilisées dans bien des cas; pour l'étude des langues étrangères, par exemple, elles permettront d'apprendre facilement la prononciation, car on pourra, en les réunissant en assez grand nombre, en former une sorte de vocabulaire qui donnera l'intonation des mots les plus usités dans telle ou telle langue.[Retour au texte principal]

www.ingramcontent.com/pod-product-compliance
Lightning Source LLC
Chambersburg PA
CBHW071411180526
45170CB00001B/61